中国西藏动物寄生虫名录

ZHONGGUO XIZANG
DONGWU JISHENGCHONG MINGLU

夏晨阳 刘建枝 主编

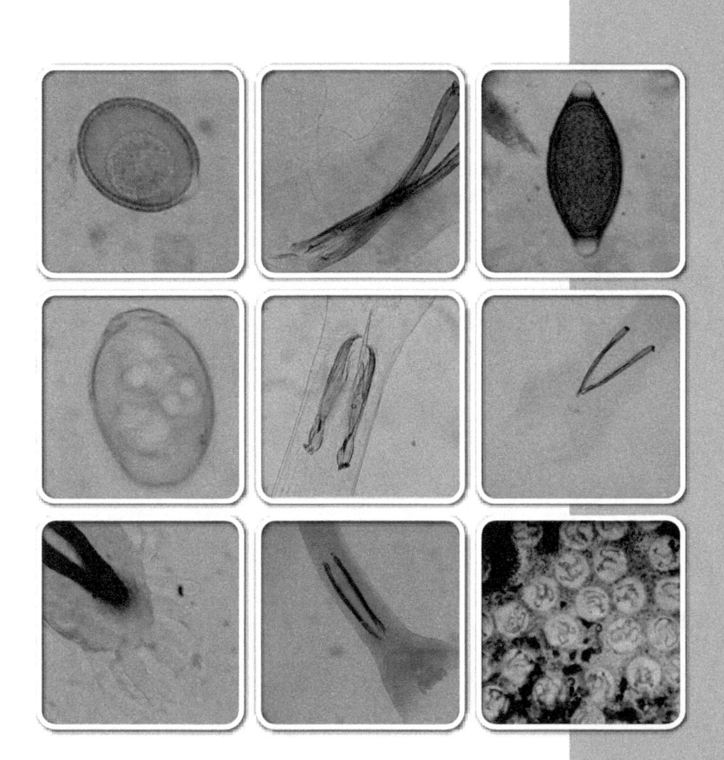

中国农业科学技术出版社

图书在版编目（CIP）数据

中国西藏动物寄生虫名录 / 夏晨阳，刘建枝主编. --北京：中国农业科学技术出版社，2022. 11
ISBN 978-7-5116-6000-8

Ⅰ. ①中…　Ⅱ. ①夏…②刘…　Ⅲ. ①动物疾病－寄生虫学－西藏－名录　Ⅳ. ①S855.9-62

中国版本图书馆CIP数据核字（2022）第207899号

责任编辑　姚　欢
责任校对　李向荣
责任印制　姜义伟　王思文

出 版 者　中国农业科学技术出版社
北京市中关村南大街12号　　邮编：100081
电　　话　（010）82106631（编辑室）　（010）82109702（发行部）
（010）82109709（读者服务部）
网　　址　https: // castp.caas.cn
经 销 者　各地新华书店
印 刷 者　北京建宏印刷有限公司
开　　本　185 mm × 260 mm　1/16
印　　张　11
字　　数　250千字
版　　次　2022年11月第1版　　2022年11月第1次印刷
定　　价　88.00元

《中国西藏动物寄生虫名录》

编委会

内容简介

西藏自然环境多样、动物种类丰富分布广泛，感染寄生虫种类亦无比繁多，在查阅大量专著、刊物后，经初步统计，截至2022年，西藏各类动物体内外寄生868种寄生虫，主要分布于蠕虫、原虫、节肢动物3门8纲19目77科204属。现将自有记录以来至今在西藏牦牛、黄牛、绵羊、山羊、马、驴、骡、猪、犬、禽及野生动物体内外发现的各类寄生虫虫种及分布进行汇总记述，供广大寄生虫病研究学者参考。

主要作者简介

夏晨阳，男，满族，黑龙江省明水人，出生于西藏自治区日喀则市吉隆县。2007年毕业于西南民族大学生命科学与技术学院基础兽医专业，获农学硕士学位，现为西藏自治区农牧科学院畜牧兽医研究所研究员，主要从事西藏动物寄生虫病研究。主持、参与实施“十二五”公益性行业（农业）科研专项、中澳合作研究项目、西藏自治区重大科研专项子课题、自治区重点研发项目、中央引导地方项目、地区自然基金等项目近40余项；获西藏自治区科学技术进步奖一等奖1项、二等奖1项、三等奖1项。累计发表文章近50篇，其中SCI论文5篇，主编《西藏畜禽寄生虫病研究60年》编著1部，参与编写《西藏草地有毒植物》《中国西部天然草地疯草概论》《动物疫病防控技术》《青藏高原疯草研究》等论著5部，获授权发明专利6项、实用新型专利23项，参与制定地方标准2项。

刘建枝，女，汉族，河南省新乡人。1985年毕业于西藏农牧学院，现为西藏自治区农牧科学院畜牧兽医研究所研究员，主要从事动物疫病防控技术研究。主持和参与国家“十二五”公益性行业（农业）科研专项、西藏自治区科技厅重大专项、自治区自然基金等项目近40项。获西藏自治区科学技术进步一等奖1项、二等奖2项、三等奖1项，西藏阿里地区科技进步特等奖1项；获发明专利4项，第一发明人1项，实用新型专利6项；累计发表学术论文50余篇，第一作者19篇，通信作者12篇，其中SCI 3篇，主编《青藏高原疯草研究》《中国西部天然草地疯草概论》等著作，参编《西藏草地有毒植物》《中兽药学》《中国天然草原毒害草综合防控技术》等著作7部，制定地方标准3项，编写农牧民实用技术手册7本，培训农牧民2 000余人次。系统开展了西藏放牧环境下牛羊寄生虫季节动态变化规律、牛皮蝇蛆病可持续控制关键技术等研究，防治技术在西藏全区多地实施推广，取得了良好的经济、社会、生态效益。

前 言

西藏自治区（简称西藏）位于中国的西南边陲，青藏高原的西南部，面积122.84万平方千米，约占中国总面积的1/8。南北最宽约1 000千米，东西最长达2 000千米，是世界上面积最大、海拔最高的高原地区，有“世界屋脊”之称。它北邻新疆，东北紧靠青海，东连四川，东南接云南，南部和西部与缅甸、印度、不丹、尼泊尔等国接壤。国境线长达3 842千米，是中国西南边陲的重要门户，战略地位十分重要。

西藏地大物博，天然草场、湿地、森林面积巨大；全区有天然草地13.34亿亩，约占全区总面积的74.11%，约占全国天然草场总面积的23%，位居全国第一位。西藏拥有各类湿地面积652.9万公顷，占西藏总面积的5.43%，湿地面积居全国第二位，是我国湿地类型齐全、数量最为丰富的省区之一。全区林地面积1 798万公顷，森林面积1 491万公顷，森林覆盖率为12.14%。广阔的地域内生活着多种家畜，如牦牛、绵羊、山羊、藏猪、藏鸡、马、驴等，存栏家畜1 657.53万头（只）。野生动物资源亦丰富多样，全区有野生脊椎动物795种，其中125种为国家重点保护野生动物，占全国重点保护野生动物种类的1/3以上，196种为西藏特有种；哺乳类145种，鸟类492种，爬行类55种，两栖类45种，鱼类58种。多种类型自然环境条件、丰富的动物种类、传统放牧方式、野生动物与家养动物共享天然草场等多种因素交替，寄生虫种类亦繁多复杂。

从20世纪50年代中期开始，区内外广大兽医工作者相继开展了西藏不同地区的寄生虫调查与防治研究，积累了丰富的动物寄生虫种类调查研究资料，同时开展了大量的防治示范工作，取得了显著的经济、社会、生态效益，为畜牧业的健康发展、动物产品安全和公共卫生安全的改善作出了重要贡献。

为了全面反映西藏自治区现有各类动物寄生虫的种类和分布的整体状况，编者在参阅《中国动物志》《中国经济昆虫志》《青藏高原蚤目志》《中国蠓科昆虫》《家畜寄生虫名录》《西藏畜禽寄生虫病研究60年》及大量关于西藏各类动物寄生虫研究的科学文献的基础上，编写出这本《中国西藏动物寄生虫名录》。

本名录共收录3门8纲19目77科204属的868种寄生虫。该书参考林奈分类学标准，沿用科、属、种方法，收录主要单元，省略次要单元，单元名称的译名以正式出版书专著、论文等刊物为准。书中列出了寄生虫的中文名和拉丁名学名、命名人姓氏、命名年代及在西藏的地理分布。

我们在编写过程中力求做到内容的完整性、科学性及实用性的统一，以便能更好地使广大兽医工作者了解西藏动物寄生虫的种类及分布情况，但由于时间及水平有限，不能尽数查阅历史资料并做好西藏动物寄生虫种类收录工作，书中难免有不足之处，恳请读者批评指正。

本书的出版得到了重大科技专项（XZ202101ZD001N）、中央引导地方项目（XZ202101YD0009C）的资助，在此表示诚挚的感谢！同时本书在编写和出版过程中，得到陈裕祥、黄兵等寄生虫病研究前辈的帮助和支持，在此表示衷心的感谢！

夏晨阳

2022年10月1日凌晨书于拉萨

目　录

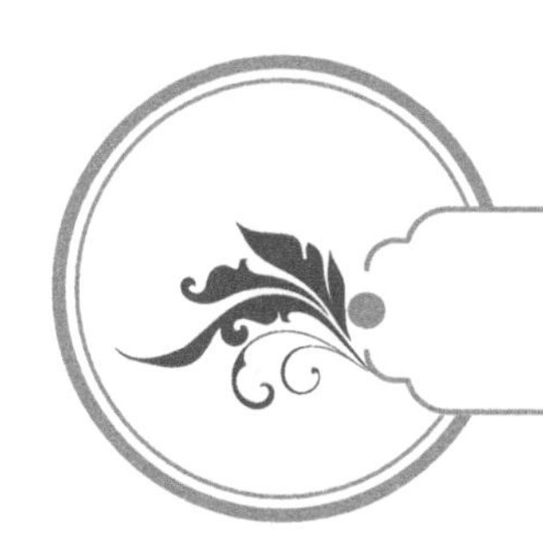

蠕虫 Helminth

1 绦虫纲Cestoda（Rudolphi，1808）Fuhrmann，1931

1.1 圆叶目Cyclophyllidea van Beneden in Braun，1900

1.1.1 裸头科Anoplocephalidae Cholodkovsky，1902

1.1.1.1 无卵黄腺属 *Avitellina* Gough，1911

1.1.1.1.1 中点无卵黄腺绦虫*Avitellina centripunctata* Rivolta，1874

宿主、部位、分布：牦牛；小肠；日喀则市（江孜县）、昌都市（昌都市*、江达县、贡觉县、左贡县、芒康县、八宿县、洛隆县、边坝县、丁青县、类乌齐县、察雅县）。

宿主、部位、分布：绵羊；小肠；拉萨市（当雄县、林周县）、日喀则市（康马县、亚东县、江孜县）、山南市（乃东区）、阿里地区（改则县）、那曲市（申扎县）、昌都市（昌都市、江达县、贡觉县、左贡县、芒康县、八宿县、洛隆县、边坝县、丁青县、类乌齐县、察雅县）。

宿主、部位、分布：山羊；小肠；拉萨市（尼木县）、日喀则市（康马县、江孜县）、昌都市（昌都市、江达县、贡觉县、左贡县、芒康县、八宿县、洛隆县、边坝县、丁青县、类乌齐县、察雅县）。

1.1.1.1.2 塔提无卵黄腺绦虫*Avitellina tatia* Bhalerao，1936

宿主、部位、分布：绵羊；小肠；日喀则市（江孜县）。

---

* 此处表示市区，全书同。

1.1.1.1.3　无卵黄腺绦虫（未命名种1）*Avitellina* sp. Ⅰ

宿主、部位、分布：绵羊；小肠；拉萨市（当雄县）。

1.1.1.1.4　无卵黄腺绦虫（未命名种2）*Avitellina* sp. Ⅱ

宿主、部位、分布：绵羊；小肠；昌都市（昌都市、八宿县）。

1.1.1.2　莫尼茨属 *Moniezia* Blanchard，1891

1.1.1.2.1　白色莫尼茨绦虫 *Moniezia alba*（Perroncito，1897）Blanchard，1891

宿主、部位、分布：山羊；小肠；那曲市（申扎县）。

1.1.1.2.2　贝氏莫尼茨绦虫 *Moniezia benedeni*（Moniez，1897）Blanchard，1891

宿主、部位、分布：牦牛；小肠；拉萨市（林周县）、那曲市（申扎县）、昌都市（昌都市、江达县、贡觉县、左贡县、芒康县、八宿县、洛隆县、边坝县、丁青县、类乌齐县、察雅县）。

宿主、部位、分布：黄牛；小肠；拉萨市（林周县）。

宿主、部位、分布：绵羊；小肠；日喀则市（康马县、亚东县）、那曲市（申扎县）、昌都市（昌都市、江达县、贡觉县、左贡县、芒康县、八宿县、洛隆县、边坝县、丁青县、类乌齐县、察雅县）。

宿主、部位、分布：山羊；小肠；拉萨市（林周县）、日喀则市（康马县）、那曲市（申扎县）、昌都市（昌都市、江达县、贡觉县、左贡县、芒康县、八宿县、洛隆县、边坝县、丁青县、类乌齐县、察雅县）。

1.1.1.2.3　扩展莫尼茨绦虫 *Moniezia expansa*（Rudolphi，1810）Blanchard，1891

宿主、部位、分布：牦牛；小肠；拉萨市（林周县）、林芝市（鲁朗区、巴宜区、米林县）、昌都市（昌都市、江达县、贡觉县、左贡县、芒康县、八宿县、洛隆县、边坝县、丁青县、类乌齐县、察雅县）。

宿主、部位、分布：黄牛；小肠；日喀则市（江孜县）、昌都市（昌都市、江达县、贡觉县、左贡县、芒康县、八宿县、洛隆县、边坝县、丁青县、类乌齐县、察雅县）。

宿主、部位、分布：绵羊；小肠；拉萨市（林周县）、那曲市（申扎县）、日喀则市（江孜县）、昌都市（昌都市、江达县、贡觉县、左贡县、芒康县、八宿县、洛隆县、边坝县、丁青县、类乌齐县、察雅县）。

宿主、部位、分布：山羊；小肠；拉萨市（林周县、尼木县）、那曲市（申扎县）、日喀则市（江孜县）、昌都市（昌都市、江达县、贡觉县、左贡县、芒康县、八宿县、洛隆县、边坝县、丁青县、类乌齐县、察雅县）。

1.1.1.3 曲子宫属 *Thysaniezia* Skrjabin，1926

同物异名：*Helictometra* Baer，1927。

1.1.1.3.1 盖氏曲子宫绦虫 *Thysaniezia giardi* Moniez，1879

宿主、部位、分布：牦牛；小肠；昌都市（昌都市、江达县、贡觉县、左贡县、芒康县、八宿县、洛隆县、边坝县、丁青县、类乌齐县、察雅县）。

宿主、部位、分布：黄牛；小肠；拉萨市（林周县）。

宿主、部位、分布：绵羊；小肠；拉萨市（林周县）、日喀则市（康马县、亚东县）、那曲市（申扎县）、昌都市（昌都市、江达县、贡觉县、左贡县、芒康县、八宿县、洛隆县、边坝县、丁青县、类乌齐县、察雅县）。

宿主、部位、分布：山羊；小肠；拉萨市（尼木县）、日喀则市（康马县）、那曲市（申扎县）、昌都市（昌都市、江达县、贡觉县、左贡县、芒康县、八宿县、洛隆县、边坝县、丁青县、类乌齐县、察雅县）。

1.1.2 戴维科Davaineidae Fuhrmann，1907

1.1.2.1 瑞利属 *Raillietina* Fuhrmann，1920

1.1.2.1.1 有轮瑞利绦虫 *Raillietina cesticillus* Molin，1858

宿主、部位、分布：鸡；小肠；日喀则市（江孜县）、昌都市（昌都市、察雅县、左贡县、芒康县、八宿县、贡觉县、江达县）。

1.1.2.1.2 棘盘瑞利绦虫 *Raillietina echinobothrida* Megnin，1881

宿主、部位、分布：鸡；小肠；昌都市（昌都市、察雅县、左贡县、芒康县、八宿县、贡觉县、江达县）。

1.1.2.1.3 四角瑞利绦虫 *Raillietina tetragona* Molin，1858

宿主、部位、分布：鸡；小肠；日喀则市（江孜县）、昌都市（昌都市、察雅县、左贡县、芒康县、八宿县、贡觉县、江达县）。

1.1.3 囊宫科Dilepididae（Railliet *et* Henry，1909）Lincicome，1939

同物异名：双壳科。

1.1.3.1 复殖孔属 *Dipylidium* Leuckart，1863

1.1.3.1.1 犬复殖孔绦虫*Dipylidium caninum*（Linnaeus，1758）Leuckart，1863

宿主、部位、分布：犬；小肠；拉萨市（林周县）。

1.1.4 **中殖孔科**Mesocestoididae Perrier，1897

同物异名：中带科。

1.1.4.1 **中殖孔属** *Mesocestoides* Vaillant，1863

1.1.4.1.1 线形中殖孔绦虫*Mesocestoides lineatus*（Goeze，1782）Railliet，1893

宿主、部位、分布：犬；小肠；拉萨市（林周县）。

1.1.5 **带科**Taeniidae Ludwing，1886

1.1.5.1 **棘球属** *Echinococcus* Rudolphi，1801

1.1.5.1.1 细粒棘球绦虫*Echinococcus granulosus*（Batsch，1786）Rudolphi，1805

宿主、部位、分布：犬；小肠；拉萨市（当雄县、尼木县、林周县）、日喀则市（康马县、江孜县）、那曲市（嘉黎县、申扎县）、山南市（乃东区、措美县）、阿里地区（改则县）、林芝市（鲁朗区、巴宜区、米林县）、昌都市（昌都市、江达县、贡觉县、左贡县、芒康县、八宿县、洛隆县、边坝县、丁青县、类乌齐县、察雅县）。

1.1.5.1.1.1 细粒棘球蚴*Echinococcus cysticus*（Batsch，1786）Huber，1891

同物异名：兽形棘球蚴*Echinococcus veterinarum* Huber，1891。

宿主、部位、分布：牦牛；肝、肺；拉萨市（林周县）、那曲市（嘉黎县、申扎县）、日喀则市（江孜县）、林芝市（鲁朗区、巴宜区、米林县）、昌都市（昌都市、江达县、贡觉县、左贡县、芒康县、八宿县、洛隆县、边坝县、丁青县、类乌齐县、察雅县）。

宿主、部位、分布：黄牛；肺；拉萨市（林周县）、日喀则市（江孜县）。

宿主、部位、分布：绵羊；肝、肺；拉萨市（当雄县、林周县）、日喀则市（康马县、江孜县）、山南市（乃东区）、阿里地区（改则县）、那曲市（申扎县）、昌都市（昌都市、江达县、贡觉县、左贡县、芒康县、八宿县、洛隆县、边坝县、丁青县、类乌齐县、察雅县）。

宿主、部位、分布：山羊；肝、肺；拉萨市（当雄县、林周县、尼木县）、日喀则市（康马县、江孜县）、那曲市（申扎县）、昌都市（昌都市、江达县、贡觉县、左贡县、芒康县、八宿县、洛隆县、边坝县、丁青县、类乌齐县、察雅县）。

宿主、部位、分布：猪；肝、肺；拉萨市（林周县）、林芝市（林芝市、米林县）。

宿主、部位、分布：马；肝、肺；拉萨市（林周县）。

宿主、部位、分布：驴；肝、肺；拉萨市（林周县）。

宿主、部位、分布：骡；肝、肺；拉萨市（林周县）。

宿主、部位、分布：黄羊；肺；昌都市（八宿县）。

1.1.5.1.2　多房棘球绦虫*Echinococcus multilocularis* Leuckart，1863

宿主、部位、分布：犬；小肠；那曲市（申扎县）。

1.1.5.2　泡尾属 *Hydatigera* Lamarck，1816

1.1.5.2.1　带状泡尾绦虫*Hydatigera taeniaeformis*（Batsch，1786）Lamarck，1816

同物异名：肥颈带绦虫、粗颈绦虫、带状带绦虫*Taenia taeniaeformis* Batsch，1786。

宿主、部位、分布：犬、猫；小肠；西藏（具体区域不详）。

1.1.5.2.2　泡尾绦虫（未命名种1）*Hydatigera* sp. Ⅰ

宿主、部位、分布：犬；小肠；拉萨市（林周县）。

1.1.5.2.3　泡尾绦虫（未命名种2）*Hydatigera* sp. Ⅱ

宿主、部位、分布：犬；小肠；那曲市（申扎县）。

1.1.5.3　多头属 *Multiceps* Goeze，1782

1.1.5.3.1　多头多头绦虫*Multiceps multiceps*（Leske，1780）Hall，1910

同物异名：多头带绦虫*Taenia multiceps* Leske，1780。

宿主、部位、分布：犬；小肠；拉萨市（当雄县、林周县）、那曲市（申扎县）、日喀则市（康马县、亚东县、聂拉木县）、山南市（乃东区）、林芝市（鲁朗区、巴宜区、米林县）、昌都市（昌都市、江达县、贡觉县、左贡县、芒康县、八宿县、洛隆县、边坝县、丁青县、类乌齐县、察雅县）。

1.1.5.3.1.1 脑多头蚴*Coenurus cerebralis* Batsch，1786

宿主、部位、分布：牦牛；脑；日喀则市（亚东县）、林芝市（鲁朗区、巴宜区、米林县）、昌都市（昌都市、江达县、贡觉县、左贡县、芒康县、八宿县、洛隆县、边坝县、丁青县、类乌齐县、察雅县）。

宿主、部位、分布：绵羊；脑；拉萨市（当雄县）、日喀则市（康马县、亚东县、聂拉木县）、山南市（乃东区）、昌都市（昌都市、江达县、贡觉县、左贡县、芒康县、八宿县、洛隆县、边坝县、丁青县、类乌齐县、察雅县）。

宿主、部位、分布：山羊；脑；日喀则市（康马县、亚东县）、昌都市（昌都市、江达县、贡觉县、左贡县、芒康县、八宿县、洛隆县、边坝县、丁青县、类乌齐县、察雅县）。

1.1.5.3.2 塞状多头绦虫*Multiceps packi* Chistenson，1929

宿主、部位、分布：犬；小肠；日喀则市（江孜县）。

1.1.5.3.3 斯氏多头绦虫*Multiceps skrjabini* Popov，1937

宿主、部位、分布：犬；小肠；昌都市（类乌齐县）。

1.1.5.3.3.1 斯氏多头蚴*Coenurus skrjabini* Popov，1937

宿主、部位、分布：山羊；肌肉、皮下；昌都市(类乌齐县)。

1.1.5.4 **带属** *Taenia* Linnaeus，1758

1.1.5.4.1 泡状带绦虫*Taenia hydatigena* Pallas，1766

宿主、部位、分布：犬；小肠；拉萨市（当雄县、林周县、尼木县）、日喀则市（康马县、江孜县、萨嘎县、仲巴县）、山南市（乃东区）、阿里地区（改则县）、那曲市（申扎县）、昌都市（昌都市、江达县、贡觉县、左贡县、芒康县、八宿县、洛隆县、边坝县、丁青县、类乌齐县、察雅县）。

1.1.5.4.1.1 细颈囊尾蚴*Cysticercus tenuicollis* Rudolphi，1810

宿主、部位、分布：牦牛；胸、腹腔脏浆膜及网膜、肠系膜；拉萨市（当雄县）、日喀则市（萨嘎县、仲巴县）、昌都市（昌都市、江达县、贡觉县、左贡县、芒康县、八宿县、洛隆县、边坝县、丁青县、类乌齐县、察雅县）。

宿主、部位、分布：黄牛；胸、腹腔脏浆膜及网膜、肠系膜；昌都市（昌都市、江达县、贡觉县、左贡县、芒康县、八宿县、洛隆县、边坝县、丁青县、类乌齐县、察雅县）。

宿主、部位、分布：绵羊；腹腔；拉萨市（当雄县、林周县）、日喀则市（康马县、江孜县、萨嘎县、仲巴县）、山南市（乃东区）、阿里地区（改则县）、昌都市（昌都市、江达县、贡觉县、左贡县、芒康县、八宿县、洛隆县、边坝县、丁青县、类乌齐县、察雅县）、那曲市（申扎县）。

宿主、部位、分布：山羊；腹腔；拉萨市（当雄县、林周县、尼木县）、日喀则市（康马县、江孜县）、山南市（乃东区）、那曲市（申扎县）、昌都市（昌都市、江达县、贡觉县、左贡县、芒康县、八宿县、洛隆县、边坝县、丁青县、类乌齐县、察雅县）。

宿主、部位、分布：猪；腹腔；拉萨市（林周县）、林芝市（林芝市、米林县）、昌都市（昌都市、江达县、贡觉县、左贡县、芒康县、八宿县、洛隆县、边坝县、丁青县、类乌齐县、察雅县）。

宿主、部位、分布：黄羊；腹腔；昌都市（八宿县）。

1.1.5.4.2 羊囊尾蚴*Cysticercus ovis* Maddox，1873

宿主、部位、分布：山羊；食管壁；日喀则市（江孜县）。

1.1.5.4.3 豆状带绦虫*Taenia pisiformis* Bloch，1780

宿主、部位、分布：犬；小肠；那曲市（申扎县）、昌都市（昌都市、江达县、贡觉县、左贡县、芒康县、八宿县、洛隆县、边坝县、丁青县、类乌齐县、察雅县）。

1.1.5.4.3.1 豆状囊尾蚴*Cysticercus pisiformis* Bloch，1780

宿主、部位、分布：家兔、野兔；肝脏、肠系膜、腹腔脏器表面；那曲市（申扎县）、昌都市（昌都市、江达县、贡觉县、左贡县、芒康县、八宿县、洛隆县、边坝县、丁青县、类乌齐县、察雅县）。

1.1.5.4.4 猪囊尾蚴*Cysticercus cellulosae* Gmelin，1790

宿主、部位、分布：猪；横纹肌、脑、心、眼、舌根、咬肌；拉萨市（拉萨市）、昌都市（昌都市、江达县、贡觉县、左贡县、芒康县、八宿县、洛隆县、边坝县、丁青县、类乌齐县、察雅县）。

1.1.5.5 带吻属 *Taeniarhynchus* Weinland，1858

1.1.5.5.1 牛囊尾蚴*Cysticercus bovis* Cobbold，1866

宿主、部位、分布：黄牛；咬肌、舌肌、心肌等肌肉；拉萨市（林周县）、日喀则市（江孜县）。

2 线虫纲Nematoda Rudolphi，1808

2.1 蛔目Ascarididea Yamaguti，1961

2.1.1 蛔虫科Ascarididae Blanchard，1849

2.1.1.1 蛔属 *Ascaris* Linnaeus，1758

2.1.1.1.1 猪蛔虫*Ascaris suum* Goeze，1782

宿主、部位、分布：猪；小肠；拉萨市（林周县）、林芝市（林芝市、米林县）。

2.1.2 禽蛔科Ascaridiidae Skrjabin *et* Mosgovoy，1953

2.1.2.1 禽蛔属 *Ascaridia* Dujardin，1845

2.1.2.1.1 鸡禽蛔虫*Ascaridia galli*（Schrank，1788）Freeborn，1923

宿主、部位、分布：鸡；小肠；拉萨市（林周县）。

2.1.3 弓首科Toxocaridae Hartwich，1954

2.1.3.1 弓首属 *Toxocara* Stiles，1905

2.1.3.1.1 犬弓首蛔虫*Toxocara canis*（Werner，1782）Stiles，1905

宿主、部位、分布：犬；胃、小肠；那曲市（申扎县）、拉萨市。

2.2 尖尾目Oxyuridea Weinland，1858

2.2.1 尖尾科Oxyuridae Cobbold，1864

2.2.1.1 尖尾属 *Oxyuris* Rudolphi，1803

2.2.1.1.1 马尖尾线虫*Oxyuris equi*（Schrank，1788）Rudolphi，1803

同物异名：马蛲虫。

宿主、部位、分布：马；大肠；拉萨市（林周县）、那曲市（申扎县）。

宿主、部位、分布：驴；大肠；拉萨市（林周县）。

2.2.1.2 斯氏属 *Skrjabinema* Wereschtchagin，1926

2.2.1.2.1 绵羊斯氏线虫*Skrjabinema ovis*（Skrjabin，1915）Wereschtchagin，1926

宿主、部位、分布：绵羊；大肠；拉萨市（林周县）、日喀则市（康马县、亚东县）、那曲市（申扎县）。

宿主、部位、分布：山羊；大肠；拉萨市（尼木县）、日喀则市（康马县）、那曲市（申扎县）。

2.3 旋尾目Spiruidea Diesing，1861

2.3.1 锐形科Acuariidae Seurat，1913

同物异名：华首科。

2.3.1.1 副柔属 *Parabronema* Baylis，1921

2.3.1.1.1 斯氏副柔线虫*Parabronema skrjabini* Rassowska，1924

宿主、部位、分布：反刍动物；皱胃、小肠；盲肠；西藏（具体区域不详）。

2.3.2 筒线科Gongylonematidae Sobolev，1949

2.3.2.1 筒线属 *Gongylonema* Molin，1857

2.3.2.1.1 美丽筒线虫*Gongylonema pulchrum* Molin，1857

宿主、部位、分布：牦牛；食管黏膜下层；拉萨市（林周县）。

宿主、部位、分布：黄牛；食管黏膜下层；拉萨市（林周县）。

2.3.2.1.2 多瘤筒线虫*Gongylonema verrucosum* Giles，1892

宿主、部位、分布：牦牛；食管黏膜下层；拉萨市（林周县）。

宿主、部位、分布：黄牛；食管黏膜下层；拉萨市（林周县）。

宿主、部位、分布：绵羊；食管黏膜下层；拉萨市（林周县）。

2.3.3 柔线科Habronematidae Ivaschkin，1961

2.3.3.1 柔线属 *Habronema* Diesing，1861

2.3.3.1.1 蝇柔线虫*Habronema muscae* Carter，1861

宿主、部位、分布：马属动物；胃黏膜；西藏（具体区域不详）。

2.3.4 旋尾科Spiruridae Oerley，1885

2.3.4.1 蛔状属 *Ascarops* Beneden，1873

同物异名：螺咽属。

2.3.4.1.1 圆形蛔状线虫*Ascarops strongylina* Rudolphi，1819

宿主、部位、分布：绵羊；皱胃、瓣胃；昌都市（昌都市、八宿县）。

宿主、部位、分布：猪；真胃；拉萨市（林周县）。

宿主、部位、分布：黄羊；皱胃、瓣胃；昌都市（八宿县）。

2.3.4.2 泡首属 *Physocephalus* Diesing，1861

2.3.4.2.1 六翼泡首线虫*Physocephalus sexalatus* Molin，1860

宿主、部位、分布：猪；真胃；林芝市（林芝市、米林县）。

2.3.5 吸吮科Thelaziidae Railliet，1916

2.3.5.1 吸吮属 *Thelazia* Bose，1819

2.3.5.1.1 罗氏吸吮线虫*Thelazia rhodesi* Desmarest，1827

宿主、部位、分布：黄牛；第三眼睑下；拉萨市（林周县）、昌都市（贡觉县）。

2.4 圆形目Strongylidea Diesing，1851

2.4.1 钩口科Ancylostomatidae Looss，1905

2.4.1.1 钩口属 *Ancylostoma* Dubini，1843

2.4.1.1.1 犬钩口线虫*Ancylostoma caninum*（Ercolani，1859）Hall，1913

宿主、部位、分布：犬；小肠；拉萨市（林周县）。

2.4.1.2 仰口属 *Bunostomum* Railliet，1902

2.4.1.2.1 牛仰口线虫*Bunostomum phlebotomum*（Railliet，1900）Railliet，1902

宿主、部位、分布：牦牛；小肠、大肠；拉萨市（林周县）、林芝市（鲁朗区、巴宜区、米林县）。

宿主、部位、分布：黄牛；小肠、大肠；拉萨市（林周县）。

2.4.1.2.2 羊仰口线虫*Bunostomum trigonocephalum*（Rudolphi，1808）Railliet，1902

宿主、部位、分布：绵羊；小肠；拉萨市（当雄县、林周县）、日喀则市（康马县、亚东县）、山南市（乃东区）、昌都市（昌都市、江达县、贡觉县、左贡县、芒康县、八宿县、洛隆县、边坝县、丁青县、类乌齐县、察雅县）。

宿主、部位、分布：山羊；小肠；拉萨市（林周县）、日喀则市（康马县）、昌都市（昌都市、江达县、贡觉县、左贡县、芒康县、八宿县、洛隆县、边坝县、丁青县、类乌齐县、察雅县）。

2.4.2 夏柏特科Chabertidae Lichtenfels，1980

2.4.2.1 夏柏特属 *Chabertia* Railliet *et* Henry，1909

2.4.2.1.1 叶氏夏柏特线虫*Chabertia erschowi* Hsiung *et* K’ung，1956

宿主、部位、分布：绵羊；结肠、盲肠；拉萨市（林周县）。

宿主、部位、分布：山羊；结肠、盲肠；拉萨市（林周县）。

2.4.2.1.2 羊夏柏特线虫*Chabertia ovina*（Fabricius，1788）Raillet *et* Henry，1909

宿主、部位、分布：牦牛；结肠、盲肠；拉萨市（林周县）、日喀则市（江孜县）、那曲市（申扎县）、昌都市（昌都市、江达县、贡觉县、左贡县、芒康县、八宿县、洛隆县、边坝县、丁青县、类乌齐县、察雅县）。

宿主、部位、分布：黄牛；结肠、盲肠；拉萨市（林周县）、日喀则市（江孜县）。

宿主、部位、分布：绵羊；结肠、盲肠；拉萨市（林周县）、山南市（乃东区）、昌都市（昌都市、江达县、贡觉县、左贡县、芒康县、八宿县、洛隆县、边坝县、丁青县、类乌齐县、察雅县）。

宿主、部位、分布：山羊；结肠、盲肠；拉萨市（林周县）、昌都市（昌都市、江达县、贡觉县、左贡县、芒康县、八宿县、洛隆县、边坝县、丁青县、类乌齐县、察雅县）。

2.4.2.1.3 夏柏特线虫（未命名种1）*Chabertia* sp. Ⅰ

宿主、部位、分布：绵羊；大肠；昌都市（昌都市、八宿县）。

2.4.2.1.4 夏柏特线虫（未命名种2）*Chabertia* sp. Ⅱ

宿主、部位、分布：牦牛；大肠；林芝市（鲁朗区、巴宜区、米林县）。

2.4.2.2 食道口属 *Oesophagostomum* Molin，1861

同物异名：结节虫属。

2.4.2.2.1 粗纹食道口线虫*Oesophagostomum asperum* Railliet *et* Henry, 1913

宿主、部位、分布：牦牛；结肠、盲肠；拉萨市（林周县）、日喀则市（江孜县）。

宿主、部位、分布：黄牛；结肠、盲肠；拉萨市（林周县）。

宿主、部位、分布：绵羊；结肠、盲肠；拉萨市（林周县）、那曲市（申扎县）、昌都市（昌都市、江达县、贡觉县、左贡县、芒康县、八宿县、洛隆县、边坝县、丁青县、类乌齐县、察雅县）。

宿主、部位、分布：山羊；结肠、盲肠；拉萨市（林周县）、那曲市（申扎县）、昌都市（昌都市、江达县、贡觉县、左贡县、芒康县、八宿县、洛隆县、边坝县、丁青县、类乌齐县、察雅县）。

2.4.2.2.2 哥伦比亚食道口线虫*Oesophagostomum columbianum*（Curtice, 1890）Stossich，1899

宿主、部位、分布：牦牛；结肠、盲肠；拉萨市（林周县）、昌都市（昌都市、江达县、贡觉县、左贡县、芒康县、八宿县、洛隆县、边坝县、丁青县、类乌齐县、察雅县）。

宿主、部位、分布：黄牛；结肠、盲肠；拉萨市（林周县）。

宿主、部位、分布：绵羊；结肠、盲肠；拉萨市（林周县）、昌都市（昌都市、江达县、贡觉县、左贡县、芒康县、八宿县、洛隆县、边坝县、丁青县、类乌齐县、察雅县）。

宿主、部位、分布：山羊；结肠、盲肠；拉萨市（林周县）、那曲市（申扎县）、昌都市（昌都市、江达县、贡觉县、左贡县、芒康县、八宿县、洛隆县、边坝县、丁青县、类乌齐县、察雅县）。

2.4.2.2.3 甘肃食道口线虫*Oesophagostomum kansuensis* Hsiung *et* K’ung, 1955

宿主、部位、分布：绵羊；大肠；拉萨市（当雄县、林周县）、日喀则市（康马县）、那曲市（申扎县）、昌都市（昌都市、江达县、贡觉县、左贡县、芒康县、八宿县、洛隆县、边坝县、丁青县、类乌齐县、察雅县）。

宿主、部位、分布：山羊；大肠；拉萨市（林周县）、日喀则市（康马县）、那曲市（申扎县）、昌都市（昌都市、江达县、贡觉县、左贡县、芒康县、八宿县、洛隆县、边坝县、丁青县、类乌齐县、察雅县）。

2.4.2.2.4 辐射食道口线虫*Oesophagostomum radiatum* Rudolphi，1803

宿主、部位、分布：牦牛；结肠、盲肠；拉萨市（林周县）、日喀则市（江孜县）、那曲市（申扎县）。

宿主、部位、分布：黄牛；结肠、盲肠；拉萨市（林周县）、日喀则市（江孜县）。

2.4.2.2.5 微管食道口线虫*Oesophagostomum venulosum* Rudolphi，1809

宿主、部位、分布：黄牛；大肠；拉萨市（林周县）。

2.4.2.2.6 食道口线虫（未命名种1）*Oesophagostomum* sp. Ⅰ

宿主、部位、分布：绵羊；大肠；昌都市（昌都市、八宿县）。

2.4.2.2.7 食道口线虫（未命名种2）*Oesophagostomum* sp. Ⅱ

宿主、部位、分布：牦牛；大肠；林芝市（鲁朗区、巴宜区、米林县）。

2.4.3 盅口科Cyathostomidae Yamaguti，1961

同物异名：毛线科Trichonematidae Witenberg，1925。

2.4.3.1 冠环属 *Coronocyclus* Hartwich，1986

2.4.3.1.1 冠状冠环线虫*Coronocyclus coronatus*（Looss，1900）Hartwich，1986

同物异名：冠状盅口线虫*Cyathostomum coronatum* Looss，1900

宿主、部位、分布：马；结肠、直肠、盲肠；拉萨市（林周县）、日喀则市（江孜县）、那曲市（申扎县）。

宿主、部位、分布：驴；结肠、直肠、盲肠；拉萨市（林周县）、日喀则市（江孜县）。

2.4.3.1.2 大唇片冠环线虫*Coronocyclus labiatus*（Looss，1902）Hartwich，1986

同物异名：唇片盅口线虫*Cyathostomum labiatum*（Looss，1902）McIntosh，1933

宿主、部位、分布：马；结肠、盲肠；拉萨市（林周县）、日喀则市（江孜县）、那曲市（申扎县）。

宿主、部位、分布：驴；结肠、盲肠；拉萨市（林周县）、日喀则市（江孜县）。

宿主、部位、分布：骡；结肠、盲肠；拉萨市（林周县）。

2.4.3.1.3 小唇片冠环线虫*Coronocyclus labratus*（Looss，1902）Hartwich，1986

同物异名：小唇片盅口线虫*Cyathostomum labratum* Looss，1900。

宿主、部位、分布：马；结肠、直肠、盲肠；拉萨市（林周县）、日喀则市（江孜县）、那曲市（申扎县）。

宿主、部位、分布：驴；结肠、直肠、盲肠；拉萨市（林周县）、日喀则市（江孜县）。

宿主、部位、分布：骡；结肠、直肠、盲肠；拉萨市(林周县)。

2.4.3.2 **盅口属** *Cyathostomum*（Molin，1861）Hartwich，1986

2.4.3.2.1 碗形盅口线虫*Cyathostomum catinatum* Looss，1902

同物异名：卡提盅口线虫、碗状盅口线虫。

宿主、部位、分布：马；结肠、直肠、盲肠；拉萨市（林周县）、日喀则市（江孜县）、那曲市（申扎县）。

宿主、部位、分布：驴；结肠、直肠、盲肠；拉萨市（林周县）、日喀则市（江孜县）。

宿主、部位、分布：骡；结肠、直肠、盲肠；拉萨市(林周县)。

2.4.3.2.2 碟状盅口线虫*Cyathostomum pateratum* K'ung，1964

同物异名：圆饰盅口线虫、碟状环口线虫*Cylicostomum pateratum* Yorke and Macfie，1919、碟状双冠线虫、碟状环齿线虫*Cylicodontophorus pateratus*（Yorke *et* Macfie，1919）Erschow，1939。

宿主、部位、分布：马；结肠、盲肠；拉萨市（林周县）、那曲市（申扎县）。

宿主、部位、分布：驴；结肠、盲肠；拉萨市（林周县）。

2.4.3.2.3 亚冠盅口线虫*Cyathostomum subcoronatum* Yamaguti，1943

宿主、部位、分布：马；结肠、直肠、盲肠；拉萨市(林周县)。

宿主、部位、分布：驴；结肠、直肠、盲肠；拉萨市(林周县)。

宿主、部位、分布：骡；结肠、直肠、盲肠；拉萨市(林周县)。

2.4.3.2.4 四刺盅口线虫*Cyathostomum tetracanthum*（Mehlis，1831）Molin，1861（sensu Looss，1900）

同物异名：四隅盅口线虫、埃及盅口线虫*Cyathostomum aegyptiacum* Railliet，1923

宿主、部位、分布：马；结肠、盲肠；拉萨市（林周县）、日喀则市（江孜县）。

宿主、部位、分布：驴；结肠、盲肠；拉萨市（林周县）、日喀则市（江孜县）。

宿主、部位、分布：骡；结肠、盲肠；拉萨市（林周县）。

2.4.3.3 杯环属 *Cylicocyclus*（Ihle，1922）Erschow，1939

2.4.3.3.1 耳状杯环线虫 *Cylicocyclus auriculatus*（Looss，1900）Erschow，1939

宿主、部位、分布：马；结肠、盲肠；拉萨市（林周县）、日喀则市（江孜县）。

宿主、部位、分布：驴；结肠、盲肠；拉萨市（林周县）。

2.4.3.3.2 短口囊杯环线虫 *Cylicocyclus brevicapsulatus*（Ihle，1920）Erschow，1939

宿主、部位、分布：马；结肠、直肠、盲肠；拉萨市(林周县)。

宿主、部位、分布：驴；结肠、直肠、盲肠；拉萨市(林周县)。

2.4.3.3.3 长形杯环线虫 *Cylicocyclus elongatus*（Looss，1900）Chaves，1930

宿主、部位、分布：马；结肠、盲肠；拉萨市（林周县）、日喀则市（江孜县）、那曲市（申扎县）。

宿主、部位、分布：驴；结肠、盲肠；拉萨市（林周县）、日喀则市（江孜县）。

2.4.3.3.4 显形杯环线虫 *Cylicocyclus insigne*（Boulenger，1917）Chaves，1930

同物异名：隐匿杯环线虫。

宿主、部位、分布：马；结肠、盲肠；拉萨市（林周县）。

宿主、部位、分布：骡；结肠、盲肠；拉萨市（林周县）。

2.4.3.3.5 细口杯环线虫 *Cylicocyclus leptostomum*（Kotlan，1920）Chaves，1930

同物异名：细口杯齿线虫 *Cylicotetrapedon leptostomum*（Kotlán，1920）K'ung，1964、细口舒毛线虫 *Schulzitrichonema leptostomum*（Kotlán，1920）Erschow，1939。

宿主、部位、分布：马；结肠、盲肠；拉萨市（林周县）、日喀则市（江孜县）。

宿主、部位、分布：驴；结肠、盲肠；拉萨市（林周县）、日喀则市（江孜县）。

宿主、部位、分布：骡；结肠、盲肠；拉萨市（林周县）、日喀则市（江孜县）。

2.4.3.3.6 鼻状杯环线虫*Cylicocyclus nassatus*（Looss，1900）Chaves，1930

宿主、部位、分布：马；结肠、直肠、盲肠；拉萨市（林周县）、日喀则市（江孜县）、那曲市（申扎县）。

宿主、部位、分布：驴；结肠、直肠、盲肠；拉萨市（林周县）、日喀则市（江孜县）。

宿主、部位、分布：骡；结肠、直肠、盲肠；拉萨市(林周县)。

2.4.3.3.7 辐射杯环线虫*Cylicocyclus radiatus*（Looss，1900）Chaves，1930

宿主、部位、分布：马；结肠、直肠、盲肠；拉萨市（林周县）、日喀则市（江孜县）、那曲市（申扎县）。

宿主、部位、分布：驴；结肠、直肠、盲肠；拉萨市（林周县）、日喀则市（江孜县）。

宿主、部位、分布：骡；结肠、直肠、盲肠；拉萨市(林周县)。

2.4.3.3.8 天山杯环线虫*Cylicocyclus tianshangensis* Li，Cai *et* Qi，1984

宿主、部位、分布：马；结肠、盲肠；拉萨市（林周县）。

宿主、部位、分布：驴；结肠、盲肠；拉萨市（林周县）。

2.4.3.3.9 外射杯环线虫*Cylicocyclus ultrajectinus*（Ihle，1920）Erschow，1939

宿主、部位、分布：马；结肠、直肠、盲肠；拉萨市（林周县）、那曲市（申扎县）。

宿主、部位、分布：骡；结肠、直肠、盲肠；拉萨市(林周县)。

2.4.3.4 环齿属 *Cylicodontophorus* Ihle，1922

同物异名：双冠属。

2.4.3.4.1 双冠环齿线虫*Cylicodontophorus bicoronatus*（Looss，1900）Cram，1924

宿主、部位、分布：马；结肠、直肠、盲肠；拉萨市（林周县）、那曲市（申扎县）。

宿主、部位、分布：驴；结肠、直肠、盲肠；拉萨市（林周县）、日喀则市（江孜县）。

2.4.3.5 **杯冠属** *Cylicostephanus* Ihle，1922

2.4.3.5.1 偏位杯冠线虫*Cylicostephanus asymmetricus*（Theiler，1923）Cram，1924

同物异名：偏位舒毛线虫*Schulzitrichonema asymmetricum*（Theiler，1923）Erschow, 1943、不对称杯齿线虫*Cylicotetrapedon asymmetricum* Ihle, 1925。

宿主、部位、分布：马；结肠、盲肠；拉萨市（林周县）。

宿主、部位、分布：驴；结肠、盲肠；拉萨市（林周县）。

宿主、部位、分布：骡；结肠、盲肠；拉萨市（林周县）。

2.4.3.5.2 小杯冠线虫*Cylicostephanus calicatus*（Looss，1900）Cram，1924

宿主、部位、分布：马；结肠、直肠、盲肠；拉萨市（林周县）。

宿主、部位、分布：驴；结肠、直肠、盲肠；拉萨市（林周县）。

宿主、部位、分布：骡；结肠、直肠、盲肠；拉萨市（林周县）。

2.4.3.5.3 高氏杯冠线虫*Cylicostephanus goldi*（Boulenger，1917）Lichtenfels，1975

同物异名：高氏舒毛线虫*Schulzitrichonema goldi*（Boulenger，1917）Erschow，1943、高氏杯齿线虫*Cylicotetrapedon goldi* Boulenger，1917。

宿主、部位、分布：马；结肠、直肠、盲肠；拉萨市（林周县）、日喀则市（江孜县）、那曲市（申扎县）。

宿主、部位、分布：驴；结肠、直肠、盲肠；拉萨市（林周县）、日喀则市（江孜县）。

宿主、部位、分布：骡；结肠、直肠、盲肠；拉萨市（林周县）。

2.4.3.5.4 间生杯冠线虫*Cylicostephanus hybridus* Kotlan，1920

同物异名：杂种杯冠线虫。

宿主、部位、分布：马；结肠、直肠、盲肠；拉萨市（林周县）。

宿主、部位、分布：驴；结肠、直肠、盲肠；拉萨市（林周县）。

2.4.3.5.5 长伞杯冠线虫*Cylicostephanus longibursatus*（Yorke *et* Macfie，1918）Cram，1924

宿主、部位、分布：马；结肠、直肠、盲肠；拉萨市（林周县）、日喀则市（江孜县）、那曲市（申扎县）。

宿主、部位、分布：驴；结肠、直肠、盲肠；拉萨市（林周县）、日喀则市（江孜县）。

宿主、部位、分布：骡；结肠、直肠、盲肠；拉萨市(林周县)。

2.4.3.5.6 微小杯冠线虫*Cylicostephanus minutu*（Yorke *et* Macfie, 1918）Cram，1924

宿主、部位、分布：马；结肠、盲肠；拉萨市（林周县）、日喀则市（江孜县）、那曲市（申扎县）。

宿主、部位、分布：驴；结肠、盲肠；拉萨市（林周县）、日喀则市（江孜县）。

宿主、部位、分布：骡；结肠、盲肠；拉萨市（林周县）。

2.4.3.5.7 曾氏杯冠线虫*Cylicostephanus tsengi*（K'ung *et* Yang，1963）Lichtenfels，1975

宿主、部位、分布：马；结肠、盲肠；拉萨市（林周县）、日喀则市（江孜县）、那曲市（申扎县）。

宿主、部位、分布：驴；结肠、盲肠；拉萨市（林周县）、日喀则市（江孜县）。

宿主、部位、分布：骡；结肠、盲肠；拉萨市（林周县）。

2.4.3.6 辐首属 *Gyalocephalus* Looss，1900

2.4.3.6.1 头似辐首线虫*Cyalocephalus capitatus* Looss，1900

同物异名：马辐首线虫*Cyalocephalus equi* Yorke *et* Macfie，1918。

宿主、部位、分布：马；结肠、盲肠；拉萨市（林周县）、日喀则市（江孜县）、那曲市（申扎县）。

宿主、部位、分布：驴；结肠、盲肠；拉萨市（林周县）。

2.4.3.7 副杯口属 *Parapoteriostomum* Hartwich，1986

2.4.3.7.1 真臂副杯口线虫*Parapoteriostomum euproctus*（Boulenger，1917）Hartwich，1986

同物异名：丽尾双冠线虫、奥普环齿线虫*Cylicodontophorus*

euproctus（Boulenger，1917）Cram，1924。

宿主、部位、分布：马；结肠、直肠、盲肠；拉萨市(林周县)。

宿主、部位、分布：驴；结肠、直肠、盲肠；拉萨市(林周县)。

2.4.3.8 **彼德洛夫属** *Petrovinema* Erschow，1943

2.4.3.8.1 杯状彼德洛夫线虫*Petrovinema poculatum*（Looss，1900）Erschow，1943

同物异名：杯状杯冠线虫*Cylicostephanus poculatum* Lichtenfels，1975。

宿主、部位、分布：马；结肠、盲肠；拉萨市（林周县）、日喀则市（江孜县）。

宿主、部位、分布：驴；结肠、盲肠；拉萨市（林周县）、日喀则市（江孜县）。

2.4.3.9 **杯口属** *Poteriostomum* Quiel，1919

同物异名：六齿口属*Hexodontostomum* Ihle，1920。

2.4.3.9.1 不等齿杯口线虫*Poteriostomum imparidentatum* Quiel，1919

宿主、部位、分布：马；结肠、直肠、盲肠；拉萨市（林周县）、那曲市（申扎县）。

宿主、部位、分布：驴；结肠、直肠、盲肠；拉萨市(林周县)。

2.4.3.9.2 斯氏杯口线虫*Poteriostomum skrjabini* Erschow，1939

宿主、部位、分布：马；结肠、盲肠；拉萨市（林周县）、那曲市（申扎县）。

宿主、部位、分布：驴；结肠、盲肠；拉萨市（林周县）。

宿主、部位、分布：骡；结肠、盲肠；拉萨市（林周县）。

2.4.4 **网尾科**Dictyocaulidae Skrjabin，1941

2.4.4.1 **网尾属** *Dictyocaulus* Railliet *et* Henry，1907

2.4.4.1.1 安氏网尾线虫*Dictyocaulus arnfieildi*（Cobbold，1884）Railliet *et* Henry，1907

宿主、部位、分布：驴；肺；拉萨市（林周县）、日喀则市（江孜县）。

2.4.4.1.2　丝状网尾线虫*Dictyocaulus filaria*（Rudolphi，1809）Railliet *et* Henry，1907

宿主、部位、分布：牦牛；支气管；拉萨市（林周县）、昌都市（昌都市、江达县、贡觉县、左贡县、芒康县、八宿县、洛隆县、边坝县、丁青县、类乌齐县、察雅县）。

宿主、部位、分布：黄牛；气管、支气管；昌都市（昌都市、江达县、贡觉县、左贡县、芒康县、八宿县、洛隆县、边坝县、丁青县、类乌齐县、察雅县）。

宿主、部位、分布：绵羊；支气管；拉萨市（当雄县、林周县）、日喀则市（康马县、亚东县、江孜县）、山南市（乃东区）、阿里地区（改则县）、昌都市（江达县、昌都市、八宿县）、那曲市（申扎县）。

宿主、部位、分布：山羊；支气管；拉萨市（当雄县、林周县、尼木县）、日喀则市（康马县、江孜县）、昌都市（江达县）、山南市（乃东区）、那曲市（申扎县）。

2.4.4.1.3　胎生网尾线虫*Dictyocaulus viviparus*（Bloch，1782）Railliet *et* Henry，1907

宿主、部位、分布：牦牛；肺；拉萨市（林周县）、日喀则市（江孜县）、那曲市（申扎县）、林芝市（鲁朗区、巴宜区、米林县）、昌都市（江达县）。

宿主、部位、分布：黄牛；肺；拉萨市（林周县）、日喀则市（江孜县）。

2.4.5　**后圆科**Metastrongylidae Leiper，1908

2.4.5.1　**后圆属** *Metastrongylus* Molin，1861

2.4.5.1.1　长刺后圆线虫*Metastrongylus elongatus*（Dujardin，1845）Railliet *et* Henry，1911

同物异名：猪后圆线虫*Metastrongylus apri*（Gmelin，1790）Vostokov，1905。

宿主、部位、分布：猪；肺；拉萨市（林周县）、林芝市（林芝市、米林县）。

2.4.6 原圆科Protostrongylidae Leiper，1926

2.4.6.1 囊尾属 *Cystocaulus* Schulz，Orleff *et* Kutass，1933

2.4.6.1.1 有鞘囊尾线虫*Cystocaulus ocreatus* Railliet *et* Henry，1907

同物异名：黑色囊尾线虫*Cystocaulus nigrescens* Jerke，1911。

宿主、部位、分布：绵羊；肺；拉萨市（林周县）。

宿主、部位、分布：山羊；肺；拉萨市（林周县）。

2.4.6.1.2 夫赛伏囊尾线虫*Cystocaulus vsevolodovi* Boev，1948

宿主、部位、分布：山羊；肺；拉萨市（林周县）。

2.4.6.2 原圆属 *Protostrongylus* Kamensky，1905

2.4.6.2.1 霍氏原圆线虫*Protostrongylus hobmaieri*（Schulz, Orlow *et* Kutass, 1933）Cameron，1934

宿主、部位、分布：绵羊；支气管、细支气管；拉萨市（当雄县、林周县）。

宿主、部位、分布：山羊；支气管、细支气管；拉萨市（当雄县、林周县）。

2.4.6.2.2 瑞氏原圆线虫*Protostrongylus raillieti*（Schulz，Orlow *et* Kutass, 1933）Cameron，1934

宿主、部位、分布：绵羊；支气管、细支气管；拉萨市（当雄县）、日喀则市（康马县）。

宿主、部位、分布：山羊；支气管、细支气管；日喀则市（康马县）。

2.4.6.2.3 红色原圆线虫*Protostrongylus rufescens*（Leuckart，1865）Kamensky，1905

同物异名：柯氏原圆线虫*Protostrongylus kochi* Schulz，Orloff *et* Kutass，1933。

宿主、部位、分布：绵羊；支气管、细支气管；拉萨市（当雄县、林周县）。

宿主、部位、分布：山羊；支气管、细支气管；拉萨市（林周县）。

2.4.6.2.4 斯氏原圆线虫*Protostrongylus skrjabini*（Boev，1936）Dikmans，1945

宿主、部位、分布：绵羊；支气管；昌都市（昌都市、八宿县）。

2.4.6.2.5 原圆线虫（未命名种）*Protostrongylus* sp.

宿主、部位、分布：绵羊；肺泡；昌都市（昌都市、八宿县）。

2.4.6.3 刺尾属 *Spiculocaulus* Schulz，Orlow *et* Kutass，1933

2.4.6.3.1 邝氏刺尾线虫*Spiculocaulus kwongi*（Wu *et* Liu，1943）Dougherty *et* Goble，1946

同物异名：邝氏原圆线虫*Protostrongylus kwongi* Wu *et* Liu，1943

宿主、部位、分布：绵羊；支气管、细支气管；拉萨市（当雄县、林周县）、日喀则市（康马县、亚东县）、那曲市（申扎县）。

宿主、部位、分布：山羊；支气管、细支气管；拉萨市（林周县）、日喀则市（康马县）、那曲市（申扎县）。

2.4.6.4 变圆属 *Varestrongylus* Bhalerao，1932

同物异名：歧尾属*Bicaulus* Schulz *et* Boev，1940。

2.4.6.4.1 肺变圆线虫*Varestrongylus pneumonicus* Bhalerao，1932

宿主、部位、分布：绵羊；支气管、小支气管；西藏（具体区域不详）。

2.4.6.4.2 舒氏变圆线虫*Varestrongylus schulzi* Boev *et* Wolf，1938

宿主、部位、分布：绵羊；支气管、细支气管、肺泡；拉萨市（当雄县、林周县）、日喀则市（康马县）。

宿主、部位、分布：山羊；支气管、细支气管、肺泡；拉萨市（林周县）、日喀则市（康马县）。

2.4.6.4.3 西南变圆线虫*Varestrongylus xinanensis* Wu *et* Yan，1961

宿主、部位、分布：绵羊；细支气管；拉萨市、昌都市（昌都市、八宿县）。

2.4.7 伪翼科Pseudaliidae Railliet，1916

2.4.7.1 缪勒属 *Muellerius* Cameron，1927

2.4.7.1.1 毛细缪勒线虫*Muellerius minutissimus*（Megnin，1878）Dougherty *et* Goble，1946

同物异名：毛样缪勒线虫*Muellerius capillaris* Muller，1889。

宿主、部位、分布：牦牛；支气管、细支气管、毛细支气管；昌都市（昌都市、江达县、贡觉县、左贡县、芒康县、八宿县、洛隆县、边坝县、丁青县、类乌齐县、察雅县）。

宿主、部位、分布：绵羊；支气管、细支气管、毛细支气管、肺泡、肺实质、胸膜结缔组织；拉萨市（当雄县、林周县）、日喀则市（亚东县）、昌都市（昌都市、江达县、贡觉县、左贡县、芒康县、八宿县、洛隆县、边坝县、丁青县、类乌齐县、察雅县）。

宿主、部位、分布：山羊；支气管、细支气管、毛细支气管；拉萨市（当雄县）、昌都市（昌都市、江达县、贡觉县、左贡县、芒康县、八宿县、洛隆县、边坝县、丁青县、类乌齐县、察雅县）。

2.4.8 冠尾科Stephanuridae Travassos *et* Vogelsang，1933

2.4.8.1 冠尾属 *Stephanurus* Diesing，1839

2.4.8.1.1 有齿冠尾线虫*Stephanurus dentatus* Diesing，1839

宿主、部位、分布：猪；肾脏；西藏（具体区域不详）。

2.4.9 圆形科Strongylidae Baird，1853

2.4.9.1 阿尔夫属 *Alfortia* Railliet，1923

2.4.9.1.1 无齿阿尔夫线虫*Alfortia edentatus*（Looss，1900）Skrjabin，1933

同物异名：无齿圆形线虫*Strongylus edentatus*（Looss，1900）Skrjabin，1933。

宿主、部位、分布：马；结肠、盲肠、直肠；拉萨市（林周县）、那曲市（申扎县）、日喀则市（江孜县）、昌都市（昌都市、江达县、贡觉县、左贡县、芒康县、八宿县、洛隆县、边坝县、丁青县、类乌齐县、察雅县）。

宿主、部位、分布：驴；结肠、盲肠、直肠；拉萨市（林周县）、日喀则市（江孜县）、昌都市（昌都市、江达县、贡觉县、左贡县、芒康县、八宿县、洛隆县、边坝县、丁青县、类乌齐县、察雅县）。

宿主、部位、分布：骡；结肠、盲肠、直肠；拉萨市（林周县）、昌都市（昌都市、江达县、贡觉县、左贡县、芒康县、八宿县、洛隆县、边坝县、丁青县、类乌齐县、察雅县）。

2.4.9.2 戴拉风属 *Delafondia* Railliet，1923

2.4.9.2.1 普通戴拉风线虫*Delafondia vulgaris*（Looss，1900）Skrjabin，1933

同物异名：普通圆形线虫*Strongylus vulgaris* Looss，1900。

宿主、部位、分布：马；结肠、盲肠；拉萨市（林周县）、那曲市（申扎县）、昌都市（昌都市、江达县、贡觉县、左贡县、芒康县、八宿县、洛隆县、边坝县、丁青县、类乌齐县、察雅县）。

宿主、部位、分布：驴；结肠、盲肠；拉萨市（林周县）、日喀则市（江孜县）、那曲市（申扎县）、昌都市（昌都市、江达县、贡觉县、左贡县、芒康县、八宿县、洛隆县、边坝县、丁青县、类乌齐县、察雅县）。

宿主、部位、分布：骡；结肠、盲肠；拉萨市（林周县）、那曲市（申扎县）、昌都市（昌都市、江达县、贡觉县、左贡县、芒康县、八宿县、洛隆县、边坝县、丁青县、类乌齐县、察雅县）。

2.4.9.3　圆形属 *Strongylus* Mueller，1780

2.4.9.3.1　马圆形线虫*Strongylus equinus* Mueller，1780

宿主、部位、分布：马；结肠、盲肠；拉萨市（林周县）、日喀则市（江孜县）、那曲市（申扎县）、昌都市（昌都市、江达县、贡觉县、左贡县、芒康县、八宿县、洛隆县、边坝县、丁青县、类乌齐县、察雅县）。

2.4.9.4　三齿属 *Triodontophorus* Looss，1902

2.4.9.4.1　短尾三齿线虫*Triodontophorus brevicauda* Boulenger，1916

宿主、部位、分布：马；结肠、盲肠；拉萨市（林周县）、那曲市（申扎县）。

宿主、部位、分布：驴；结肠、盲肠；拉萨市（林周县）。

2.4.9.4.2　日本三齿线虫*Triodontophorus nipponicus* Yamaguti，1943

同物异名：熊氏三齿线虫*Triodontophorus hsiungi* K'ung，1958。

宿主、部位、分布：驴；结肠、盲肠；拉萨市（林周县）。

2.4.9.4.3　锯齿三齿线虫*Triodontophorus serratus*（Looss，1900）Looss，1902

宿主、部位、分布：马；结肠、盲肠；拉萨市（林周县）、日喀则市（江孜县）、那曲市（申扎县）。

宿主、部位、分布：驴；结肠、盲肠；拉萨市（林周县）、日喀则市（江孜县）。

宿主、部位、分布：骡；结肠、盲肠；拉萨市（林周县）。

2.4.9.4.4　细颈三齿线虫*Triodontophorus tenuicollis* Boulenger，1916

宿主、部位、分布：马；结肠、盲肠；拉萨市（林周县）。

宿主、部位、分布：驴；结肠、盲肠；拉萨市（林周县）。

2.4.10 毛圆科Trichostrongylidae Leiper，1912

2.4.10.1 古柏属 *Cooperia* Ransom，1907

2.4.10.1.1 野牛古柏线虫*Cooperia bisonis* Cran，1925

宿主、部位、分布：牦牛；小肠；拉萨市（林周县）。

宿主、部位、分布：黄牛；小肠；拉萨市（林周县）、日喀则市（江孜县）。

2.4.10.1.2 和田古柏线虫*Cooperia hetianensis* Wu，1966

宿主、部位、分布：牦牛；小肠；那曲市（申扎县）。

2.4.10.1.3 黑山古柏线虫*Cooperia hranktahensis* Wu，1965

宿主、部位、分布：牦牛；小肠；拉萨市（林周县）、那曲市（申扎县）。

宿主、部位、分布：黄牛；小肠；拉萨市（林周县）。

2.4.10.1.4 等侧古柏线虫*Cooperia laterouniformis* Chen，1937

宿主、部位、分布：牦牛；小肠；拉萨市（林周县）、那曲市（申扎县）。

宿主、部位、分布：黄牛；小肠；拉萨市（林周县）、日喀则市（江孜县）。

2.4.10.1.5 肿孔古柏线虫*Cooperia oncophora*（Railliet，1898）Ransom，1907

宿主、部位、分布：牦牛；皱胃、小肠；拉萨市（林周县）、日喀则市（江孜县）。

宿主、部位、分布：黄牛；皱胃、小肠；拉萨市（林周县）、日喀则市（江孜县）。

2.4.10.1.6 栉状古柏线虫*Cooperia pectinata* Ransom，1907

宿主、部位、分布：黄牛；皱胃、小肠；拉萨市（林周县）、日喀则市（江孜县）。

2.4.10.1.7 泽纳巴德古柏线虫*Cooperia zurnabada* Antipin，1931

同物异名：珠纳古柏线虫。

宿主、部位、分布：牦牛；小肠；拉萨市（林周县）、那曲市（申扎县）。

宿主、部位、分布：黄牛；小肠；日喀则市（江孜县）。

2.4.10.1.8 古柏线虫（未命名种）*Cooperia* sp.

宿主、部位、分布：牦牛；小肠；拉萨市（林周县）、日喀则市（江孜县）。

宿主、部位、分布：黄牛；小肠；日喀则市（江孜县）。

2.4.10.2 血矛属 *Haemonchus* Cobbold，1898

2.4.10.2.1 捻转血矛线虫*Haemonchus contortus*（Rudolphi，1803）Cobbold，1898

宿主、部位、分布：牦牛；皱胃；林芝市（鲁朗区、巴宜区、米林县）、昌都市（昌都市、江达县、贡觉县、左贡县、芒康县、八宿县、洛隆县、边坝县、丁青县、类乌齐县、察雅县）。

宿主、部位、分布：黄牛；皱胃；拉萨市（林周县）、日喀则市（江孜县）。

宿主、部位、分布：绵羊；皱胃；拉萨市（当雄县、林周县）、日喀则市（康马县、亚东县、江孜县）、山南市（乃东区）、昌都市（昌都市、江达县、贡觉县、左贡县、芒康县、八宿县、洛隆县、边坝县、丁青县、类乌齐县、察雅县）、日喀则市（康马县、亚东县）。

宿主、部位、分布：山羊；皱胃；拉萨市（林周县、尼木县）、日喀则市（康马县）、昌都市（昌都市、江达县、贡觉县、左贡县、芒康县、八宿县、洛隆县、边坝县、丁青县、类乌齐县、察雅县）。

2.4.10.2.2 长柄血矛线虫*Haemonchus longistipe* Railliet *et* Henry，1909

宿主、部位、分布：黄牛；皱胃；拉萨市（林周县）。

宿主、部位、分布：绵羊；皱胃；拉萨市（林周县）、日喀则市（江孜县）。

宿主、部位、分布：山羊；皱胃；拉萨市（林周县）、日喀则市（江孜县）。

2.4.10.2.3 似血矛线虫*Haemonchus similis* Travassos，1914

宿主、部位、分布：山羊；皱胃；拉萨市（林周县）、山南市（乃东区）。

2.4.10.3 **马歇尔属** *Marshallagia* Orloff，1933

2.4.10.3.1 短尾马歇尔线虫*Marshallagia brevicauda* Hu *et* Jiang，1984

宿主、部位、分布：山羊；皱胃；日喀则市（江孜县）。

2.4.10.3.2 许氏马歇尔线虫*Marshallagia hsui* Qi *et* Li，1963

宿主、部位、分布：绵羊；皱胃；拉萨市（当雄县）、日喀则市（江孜县）、那曲市（申扎县）。

宿主、部位、分布：山羊；皱胃；拉萨市（当雄县）、日喀则市（江孜县）、那曲市（申扎县）。

2.4.10.3.3 拉萨马歇尔线虫*Marshallagia lasaensis* Li *et* K'ung，1965

宿主、部位、分布：绵羊；皱胃、肠道；拉萨市（当雄县）、日喀则市（康马县、江孜县）、那曲市（申扎县）。

宿主、部位、分布：山羊；皱胃、小肠；拉萨市（当雄县、林周县、尼木县）、日喀则市（康马县、江孜县）、那曲市（申扎县）。

2.4.10.3.4 马氏马歇尔线虫*Marshallagia marshalli* Ransom，1907

宿主、部位、分布：绵羊；皱胃；拉萨市（当雄县）、日喀则市（江孜县）、昌都市（昌都市、八宿县）、那曲市（申扎县）。

宿主、部位、分布：山羊；皱胃；那曲市（申扎县）、日喀则市（江孜县）。

宿主、部位、分布：黄羊；皱胃；昌都市（八宿县）。

宿主、部位、分布：岩羊；皱胃；昌都市（八宿县）。

2.4.10.3.5 蒙古马歇尔线虫*Marshallagia mongolica* Schumakovitch，1938

宿主、部位、分布：绵羊；皱胃、小肠；拉萨市（当雄县、林周县）、日喀则市（康马县、亚东县、江孜县）、那曲市（申扎县）。

宿主、部位、分布：山羊；皱胃、小肠；拉萨市（尼木县、当雄县）、日喀则市（康马县、江孜县）、那曲市（申扎县）。

2.4.10.3.6 东方马歇尔线虫*Marshallagia orientalis* Bhalerao，1932

宿主、部位、分布：绵羊；皱胃、肠道；拉萨市（当雄县）、日喀则市（康马县、江孜县）、那曲市（申扎县）。

宿主、部位、分布：山羊；皱胃；那曲市（申扎县）。

2.4.10.3.7 塔里木马歇尔线虫*Marshallagia tarimanus* Qi，Li *et* Li，1963

宿主、部位、分布：山羊；皱胃；日喀则市（江孜县）、那曲市（申扎县）。

2.4.10.4 长刺属 *Mecistocirrus* Railliet *et* Henry，1912

2.4.10.4.1 指形长刺线虫*Mecistocirrus digitatus*（Linstow，1906）Railliet *et* Henry，1912

宿主、部位、分布：山羊；真胃、小肠；拉萨市（林周县）。

2.4.10.5 似细颈属 *Nematodirella* Yorke *et* Maplestone，1926

2.4.10.5.1 鹅喉羚似细颈线虫*Nematodirella gazelli*（Sokolova，1948）Ivaschkin，1954

同物异名：瞪羚似细颈线虫。

宿主、部位、分布：山羊；小肠；那曲市（申扎县）。

2.4.10.5.2 长刺似细颈线虫*Nematodirella longispiculata* Hsu *et* Wei，1950

宿主、部位、分布：绵羊；小肠；那曲市（申扎县）。

宿主、部位、分布：山羊；小肠；拉萨市（林周县）、那曲市（申扎县）。

2.4.10.5.3 最长刺似细颈线虫*Nematodirella longissimespiculata* Romanovitsch，1915

宿主、部位、分布：山羊；小肠；拉萨市（林周县）。

2.4.10.6 细颈属 *Nematodirus* Ransom，1907

2.4.10.6.1 畸形细颈线虫*Nematodirus abnormalis* May，1920

宿主、部位、分布：山羊；皱胃；拉萨市（尼木县）。

2.4.10.6.2 达氏细颈线虫*Nematodirus davtiani* Grigorian，1949

宿主、部位、分布：绵羊；小肠；日喀则市（康马县、江孜县）。

宿主、部位、分布：山羊；小肠；日喀则市（康马县）。

2.4.10.6.3 尖刺细颈线虫*Nematodirus filicollis*（Rudolphi，1802）Ransom，1907

同物异名：尖交合刺细颈线虫。

宿主、部位、分布：牦牛；小肠；拉萨市（林周县）。

宿主、部位、分布：黄牛；小肠；拉萨市（林周县）。

宿主、部位、分布：绵羊；小肠；拉萨市（林周县）、昌都市（昌都市、八宿县）、日喀则市（康马县、亚东县、江孜县）、那曲市（申扎县）。

宿主、部位、分布：黄羊；小肠；昌都市（八宿县）。

宿主、部位、分布：山羊；小肠；拉萨市（尼木县）、日喀则市（康马县）、那曲市（申扎县）。

2.4.10.6.4　海尔维第细颈线虫*Nematodirus helvetianus* May，1920

宿主、部位、分布：反刍动物；小肠；西藏（具体区域不详）。

2.4.10.6.5　许氏细颈线虫*Nematodirus hsui* Liang，Ma *et* Lin，1958

宿主、部位、分布：黄牛；小肠；拉萨市（林周县）。

宿主、部位、分布：绵羊；小肠；拉萨市（当雄县）、日喀则市（亚东县、江孜县）、那曲市（申扎县）。

宿主、部位、分布：山羊；小肠；拉萨市（当雄县）、日喀则市（江孜县）。

2.4.10.6.6　长刺细颈线虫*Nematodirus longispicularis* Hsu *et* Wei，1950

宿主、部位、分布：绵羊；小肠；西藏（具体区域不详）。

2.4.10.6.7　奥利春细颈线虫*Nematodirus oiratianus* Rajerskaja，1929

宿主、部位、分布：绵羊；小肠；拉萨市（当雄县、林周县）、日喀则市（江孜县）、那曲市（申扎县）。

宿主、部位、分布：山羊；小肠；拉萨市（林周县、尼木县）、那曲市（申扎县）。

2.4.10.6.8　钝刺细颈线虫*Nematodirus spathiger*（Railliet，1896）Railliet *et* Henry，1909

宿主、部位、分布：黄牛；小肠；拉萨市（林周县）。

宿主、部位、分布：绵羊；小肠；拉萨市（当雄县、林周县）、日喀则市（康马县、江孜县）、那曲市（申扎县）。

宿主、部位、分布：山羊；小肠；拉萨市（林周县）、日喀则市（康马县、江孜县）。

2.4.10.6.9　细颈线虫（未命名种1）*Nematodirus* sp. Ⅰ

宿主、部位、分布：绵羊；小肠；昌都市（昌都市、八宿县）。

宿主、部位、分布：岩羊；真胃；昌都市（八宿县）。

2.4.10.6.10　细颈线虫（未命名种2）*Nematodirus* sp. Ⅱ

宿主、部位、分布：牦牛；小肠；昌都市（昌都市、江达县、贡觉县、左贡县、芒康县、八宿县、洛隆县、边坝县、丁青县、类乌齐县、察雅县）。

宿主、部位、分布：绵羊；小肠；昌都市（昌都市、江达县、贡觉县、左贡县、芒康县、八宿县、洛隆县、边坝县、丁青县、类乌齐县、察雅县）。

宿主、部位、分布：山羊；小肠；昌都市（昌都市、江达县、贡觉县、左贡县、芒康县、八宿县、洛隆县、边坝县、丁青县、类乌齐县、察雅县）。

2.4.10.7 奥斯特属 *Ostertagia* Ransom，1907

2.4.10.7.1 阿尔库伊奥斯特线虫 *Ostertagia arcuiui*

宿主、部位、分布：绵羊；皱胃；拉萨市（当雄县）。

2.4.10.7.2 布里亚特奥斯特线虫 *Ostertagia buriatica* Konstantinova，1934

宿主、部位、分布：山羊；皱胃；那曲市（申扎县）。

2.4.10.7.3 普通奥斯特线虫 *Ostertagia circumcincta*（Stadelmann，1894）Ransom，1907

宿主、部位、分布：牦牛；皱胃；昌都市（昌都市、江达县、贡觉县、左贡县、芒康县、八宿县、洛隆县、边坝县、丁青县、类乌齐县、察雅县）。

宿主、部位、分布：绵羊；皱胃；拉萨市（拉萨市、当雄县、林周县）、日喀则市（康马县、亚东县、江孜县）、那曲市（申扎县）、昌都市（昌都市、江达县、贡觉县、左贡县、芒康县、八宿县、洛隆县、边坝县、丁青县、类乌齐县、察雅县）。

宿主、部位、分布：山羊；皱胃；拉萨市（当雄县）、日喀则市（康马县、江孜县）、那曲市（申扎县）、昌都市（昌都市、江达县、贡觉县、左贡县、芒康县、八宿县、洛隆县、边坝县、丁青县、类乌齐县、察雅县）。

宿主、部位、分布：岩羊；皱胃；昌都市（八宿县）。

2.4.10.7.4 达荷奥斯特线虫 *Ostertagia dahurica* Orloff，Belowa *et* Gnedina，1931

同物异名：达呼尔奥斯特线虫。

宿主、部位、分布：反刍动物；皱胃、小肠；西藏（具体区域不详）。

2.4.10.7.5 叶氏奥斯特线虫 *Ostertagia erschowi* Hsu *et* Liang，1957

宿主、部位、分布：绵羊；皱胃；拉萨市（当雄县）。

2.4.10.7.6 钩状奥斯特线虫 *Ostertagia hamata* Monning，1932

宿主、部位、分布：绵羊；皱胃；拉萨市（当雄县）。

宿主、部位、分布：山羊；皱胃；拉萨市（当雄县）。

2.4.10.7.7 异刺奥斯特线虫*Ostertagia heterospiculagia* Hsu, Hu *et* Huang, 1958

宿主、部位、分布：羊；皱胃、小肠；西藏（具体区域不详）。

2.4.10.7.8 念青唐古拉奥斯特线虫*Ostertagia nianqingtangulaensis* K'ung *et* Li，1965

宿主、部位、分布：绵羊；皱胃；拉萨市（当雄县、林周县）、日喀则市（亚东县）。

宿主、部位、分布：山羊；皱胃；拉萨市（林周县）、那曲市（申扎县）。

2.4.10.7.9 西方奥斯特线虫*Ostertagia occidentalis* Ransom，1907

宿主、部位、分布：绵羊；皱胃、小肠；拉萨市（当雄县）。

宿主、部位、分布：山羊；皱胃；拉萨市（林周县）、日喀则市（江孜县）。

2.4.10.7.10 阿洛夫奥斯特线虫*Ostertagia orloffi* Sankin，1930

宿主、部位、分布：山羊；皱胃；那曲市（申扎县）。

2.4.10.7.11 奥氏奥斯特线虫*Ostertagia ostertagi*（Stiles，1892）Ransom，1907

宿主、部位、分布：绵羊；皱胃；拉萨市（林周县）。

宿主、部位、分布：山羊；皱胃；拉萨市（林周县）、日喀则市（江孜县）。

2.4.10.7.12 中华奥斯特线虫*Ostertagia sinensis* K'ung *et* Hsueh，1966

宿主、部位、分布：绵羊；皱胃、十二指肠；拉萨市（林周县）、那曲市（申扎县）。

宿主、部位、分布：山羊；皱胃、十二指肠；拉萨市（林周县）、那曲市（申扎县）。

2.4.10.7.13 斯氏奥斯特线虫*Ostertagia skrjabini* Shen，Wu *et* Yen，1959

宿主、部位、分布：绵羊；皱胃；拉萨市（林周县）。

宿主、部位、分布：山羊；皱胃；那曲市（申扎县）、日喀则市（江孜县）。

2.4.10.7.14 三叉奥斯特线虫*Ostertagia trifurcata* Ransom，1907

宿主、部位、分布：绵羊；皱胃、小肠；拉萨市（当雄县、林周县）、日喀则市（康马县、亚东县）。

宿主、部位、分布：山羊；皱胃、小肠；拉萨市（当雄县）、日喀则市（康马县）、那曲市（申扎县）。

2.4.10.7.15 伏尔加奥斯特线虫 *Ostertagia volgaensis* Tomskich，1938

宿主、部位、分布：山羊；皱胃；拉萨市（林周县）。

2.4.10.7.16 西藏奥斯特线虫 *Ostertagia xizangensis* Hsueh *et* K′ung，1963

宿主、部位、分布：绵羊；皱胃；拉萨市（林周县）、日喀则市（康马县、亚东县、江孜县）、那曲市（申扎县）。

宿主、部位、分布：山羊；皱胃；拉萨市（林周县）、日喀则市（康马县、江孜县）、那曲市（申扎县）。

2.4.10.7.17 奥斯特线虫（未命名种1）*Ostertagia* sp. Ⅰ

宿主、部位、分布：绵羊；皱胃；昌都市(昌都市、八宿县)。

2.4.10.7.18 奥斯特线虫（未命名种2）*Ostertagia* sp. Ⅱ

宿主、部位、分布：绵羊；皱胃；昌都市(昌都市、八宿县)。

2.4.10.8 **背带属** *Teladorsagia* Andreeva *et* Satubaldin，1954

2.4.10.8.1 普通背带线虫 *Teladorsagia circumcincta* Stadelman，1894

宿主、部位、分布：山羊；皱胃；拉萨市（尼木县）。

2.4.10.9 **毛圆属** *Trichostrongylus* Looss，1905

2.4.10.9.1 不等刺毛圆线虫 *Trichostrongylus axei*（Cobbold，1879）Railliet *et* Henry，1909

同物异名：艾氏毛圆线虫。

宿主、部位、分布：绵羊；皱胃；昌都市（昌都市、八宿县）、拉萨市（当雄县）。

宿主、部位、分布：山羊；皱胃；拉萨市（当雄县）。

2.4.10.9.2 鹿毛圆线虫 *Trichostrongylus cervarius* Leiper *et* Clapham，1938

宿主、部位、分布：绵羊；小肠；拉萨市（当雄县）。

2.4.10.9.3 蛇形毛圆线虫 *Trichostrongylus colubriformis*（Giles，1892）Looss，1905

宿主、部位、分布：黄牛；皱胃；拉萨市（林周县）、日喀则市（江孜县）。

宿主、部位、分布：绵羊；皱胃、小肠、胰；拉萨市（当雄县、林周县）、日喀则市（康马县、江孜县）。

宿主、部位、分布：山羊；皱胃、小肠、胰；拉萨市（当雄县、林周县）、日喀则市（康马县）。

2.4.10.9.4 枪形毛圆线虫 *Trichostrongylus probolurus*（Railliet，1896）Looss，1905

宿主、部位、分布：反刍动物；皱胃、小肠；西藏（具体区域不详）。

2.4.10.9.5 斯氏毛圆线虫 *Trichostrongylus skrjabini* Kalantarian，1928

宿主、部位、分布：绵羊；小肠；拉萨市（林周县）。

宿主、部位、分布：山羊；小肠；拉萨市（林周县）。

2.4.10.9.6 透明毛圆线虫 *Trichostrongylus vitrinus* Looss，1905

宿主、部位、分布：绵羊；小肠；拉萨市（当雄县）。

2.4.10.9.7 毛圆线虫（未命名种）*Trichostrongylus* sp.

宿主、部位、分布：绵羊；皱胃；昌都市（昌都市、八宿县)。

2.5 **鞭虫目**Trichuridea Yamaguti，1961

同物异名：毛尾目，毛首目Trichocephalidea Skrjabin *et* Schunz，1928。

2.5.1 **毛细科**Capillariidae Neveu-Lemaire，1936

2.5.1.1 **毛细属** *Capillaria* Zeder，1800

2.5.1.1.1 毛细线虫（未命名种）*Capillaria* sp.

宿主、部位、分布：绵羊；皱胃；昌都市（昌都市、八宿县）。

宿主、部位、分布：岩羊；小肠；昌都市（八宿县）。

2.5.2 **毛形科**Trichinellidae Ward，1907

2.5.2.1 **毛形属** *Trichinella* Railliet，1895

2.5.2.1.1 旋毛形线虫 *Trichinella spiralis*（Owen，1835）Railliet，1895

宿主、部位、分布：猪；横纹肌；拉萨市（拉萨市）、那曲市（嘉黎县）、林芝市（工布江达县、米林县）。

2.5.3 **鞭虫科**Trichuridae Railliet，1915

同物异名：毛首科Trichocephalidae Baird，1853、毛体科Trichosomidae Leiper，1912。

2.5.3.1 鞭虫属 *Trichuris* Roederer，1761

同物异名：毛首属*Trichocephalus* Schrank，1788、鞭虫属*Mastigodes* Zeder，1800。

2.5.3.1.1 同色鞭虫*Trichuris concolor* Burdelev，1951

宿主、部位、分布：黄牛；盲肠；拉萨市（林周县）。

宿主、部位、分布：绵羊；盲肠；拉萨市（林周县）、那曲市（申扎县）。

宿主、部位、分布：山羊；盲肠；拉萨市（林周县）、那曲市（申扎县）。

2.5.3.1.2 瞪羚鞭虫*Trichuris gazella* Gebauer，1933

宿主、部位、分布：绵羊；大肠、盲肠；拉萨市（当雄县）、日喀则市（康马县、亚东县）、那曲市（申扎县）。

宿主、部位、分布：山羊；大肠、盲肠；拉萨市（林周县）、日喀则市（康马县）、那曲市（申扎县）。

2.5.3.1.3 球鞘鞭虫*Trichuris globulosa* Linstow，1901

宿主、部位、分布：牦牛；大肠；拉萨市（林周县）。

宿主、部位、分布：黄牛；大肠；拉萨市（林周县）。

宿主、部位、分布：绵羊；大肠；拉萨市（当雄县、林周县）、日喀则市（康马县、亚东县）、那曲市（申扎县）。

宿主、部位、分布：山羊；大肠；拉萨市（林周县、尼木县）、日喀则市（康马县）。

宿主、部位、分布：黄羊；大肠；昌都市（八宿县）。

2.5.3.1.4 印度鞭虫*Trichuris indicus* Sarwar，1946

宿主、部位、分布：绵羊；大肠、盲肠；日喀则市（亚东县）。

2.5.3.1.5 兰氏鞭虫*Trichuris lani* Artjuch，1948

宿主、部位、分布：牦牛；大肠；拉萨市（林周县）。

宿主、部位、分布：黄牛；大肠；拉萨市（林周县）。

宿主、部位、分布：绵羊；大肠；拉萨市（当雄县、林周县）、日喀则市（康马县、亚东县、江孜县）、山南市（乃东区）、昌都市（昌都市、八宿县）、那曲市（申扎县）。

宿主、部位、分布：山羊；大肠；拉萨市（林周县）、日喀则市（康马县）、那曲市（申扎县）。

2.5.3.1.6 长刺鞭虫*Trichuris longispiculus* Artjuch，1948

宿主、部位、分布：牦牛；结肠、盲肠；拉萨市（林周县）。

宿主、部位、分布：绵羊；结肠、盲肠；拉萨市（林周县）。

宿主、部位、分布：山羊；结肠、盲肠；拉萨市（林周县、尼木县）。

2.5.3.1.7 羊鞭虫*Trichuris ovis* Abilgaard，1795

宿主、部位、分布：牦牛；结肠、盲肠；拉萨市（林周县）、昌都市（昌都市、江达县、贡觉县、左贡县、芒康县、八宿县、洛隆县、边坝县、丁青县、类乌齐县、察雅县）。

宿主、部位、分布：黄牛；结肠、盲肠；拉萨市（林周县）、日喀则市（江孜县）。

宿主、部位、分布：绵羊；结肠、盲肠；拉萨市（林周县）、日喀则市（亚东县、江孜县）、昌都市（昌都市、江达县、贡觉县、左贡县、芒康县、八宿县、洛隆县、边坝县、丁青县、类乌齐县、察雅县）。

宿主、部位、分布：山羊；结肠、盲肠；拉萨市（林周县）、昌都市（昌都市、江达县、贡觉县、左贡县、芒康县、八宿县、洛隆县、边坝县、丁青县、类乌齐县、察雅县）。

2.5.3.1.8 斯氏鞭虫*Trichuris skrjabini* Baskakov，1924

宿主、部位、分布：黄牛；大肠；拉萨市（林周县）。

宿主、部位、分布：绵羊；大肠；拉萨市（当雄县、林周县）、山南市（乃东区）、昌都市（昌都市、八宿县）、日喀则市（亚东县、江孜县）、那曲市（申扎县）。

宿主、部位、分布：山羊；大肠；拉萨市（林周县、尼木县）、那曲市（申扎县）。

2.5.3.1.9 猪鞭虫*Trichuris suis* Schrank，1788

宿主、部位、分布：猪；结肠、盲肠；拉萨市（林周县）、林芝市（林芝市、米林县）、昌都市（昌都市）。

2.5.3.1.10 鞭虫（未命名种1）*Trichuris* sp. Ⅰ

宿主、部位、分布：绵羊；大肠；拉萨市（拉萨市）。

2.5.3.1.11 鞭虫（未命名种2）*Trichuris* sp. Ⅱ

宿主、部位、分布：绵羊；盲肠；日喀则市(亚东县、江孜县)。

2.5.3.1.12 鞭虫（未命名种3）*Trichuris* sp. Ⅲ

宿主、部位、分布：牦牛；盲肠；林芝市（鲁朗区、巴宜区、米林县）。

3 吸虫纲Trematoda Rudolphi，1808

3.1 棘口目Echinostomida La Rue，1957

3.1.1 棘口科Echinostomatidae Looss，1899

3.1.1.1 棘口属 *Echinostoma* Rudolphi，1809

3.1.1.1.1 棘口吸虫（未命名种）*Echinostoma* sp.

宿主、部位、分布：鸡；小肠；拉萨市（林周县）。

3.1.2 片形科Fasciolidae Railliet，1895

3.1.2.1 片形属 *Fasciola* Linnaeus，1758

3.1.2.1.1 大片形吸虫*Fasciola gigantica* Cobbold，1856

宿主、部位、分布：绵羊；胆管；山南市（乃东区）。

宿主、部位、分布：山羊；胆管；山南市（乃东区）。

3.1.2.1.2 肝片形吸虫*Fasciola hepatica* Linnaeus，1758

宿主、部位、分布：牦牛；胆管、胆囊；拉萨市（林周县）、那曲市（申扎县）、林芝市（鲁朗区、巴宜区、米林县）、昌都市（昌都市、江达县、贡觉县、左贡县、芒康县、八宿县、洛隆县、边坝县、丁青县、类乌齐县、察雅县）。

宿主、部位、分布：绵羊；胆管；拉萨市（当雄县、林周县、墨竹工卡县）、日喀则市（康马县、江孜县、聂拉木县）、山南市（乃东区）、阿里地区（改则县）、昌都市（昌都市、江达县、贡觉县、左贡县、芒康县、八宿县、洛隆县、边坝县、丁青县、类乌齐县、察雅县）。

宿主、部位、分布：山羊；胆管；拉萨市（当雄县）、日喀则市（康马县、江孜县）、山南市（乃东区）、昌都市（昌都市、江达县、贡觉县、左贡县、芒康县、八宿县、洛隆县、边坝县、丁青县、类乌齐县、察雅县）。

宿主、部位、分布：猪；胆管、胆囊；林芝市（林芝市、米林县)。

宿主、部位、分布：黄羊；胆管、胆囊；昌都市（昌都市、江达县、贡觉县、左贡县、芒康县、八宿县、洛隆县、边坝县、丁青县、类乌齐县、察雅县）。

3.1.2.1.3　片形吸虫（未命名种）*Fasciola* sp.

宿主、部位、分布：山羊；胆管；拉萨市（尼木县）。

3.1.3　背孔科Notocotylidae Lühe，1909

3.1.3.1　列叶属 *Ogmocotyle* Skrjabin *et* Schulz，1933

同物异名：槽盘属、舟形属*Cymbiforma* Yamaguti，1933。

3.1.3.1.1　印度列叶吸虫*Ogmocotyle indica*（Bhalerao，1942）Ruiz，1946

宿主、部位、分布：山羊；皱胃、小肠；拉萨市（林周县）。

3.1.4　同盘科Paramphistomatidae Fischoeder，1901

3.1.4.1　同盘属 *Paramphistomum* Fischoeder，1900

3.1.4.1.1　鹿同盘吸虫*Paramphistomum cervi* Zeder，1790

宿主、部位、分布：牦牛；瘤胃；拉萨市（林周县）、日喀则市（江孜县）、那曲市（申扎县）、林芝市（鲁朗区、巴宜区、米林县）、昌都市（昌都市、江达县、贡觉县、左贡县、芒康县、八宿县、洛隆县、边坝县、丁青县、类乌齐县、察雅县）。

宿主、部位、分布：黄牛；瘤胃；拉萨市（林周县）、日喀则市（江孜县）。

宿主、部位、分布：绵羊；瘤胃、十二指肠；拉萨市（当雄县、林周县、墨竹工卡县、堆龙德庆区）、日喀则市（康马县、聂拉木县）、山南市（乃东区）、昌都市（昌都市、江达县、贡觉县、左贡县、芒康县、八宿县、洛隆县、边坝县、丁青县、类乌齐县、察雅县）、阿里地区（改则县）。

宿主、部位、分布：山羊；瘤胃、十二指肠；拉萨市（林周县、尼木县、当雄县）、日喀则市（康马县）、那曲市（申扎县）、昌都市（昌都市、江达县、贡觉县、左贡县、芒康县、八宿县、洛隆县、边坝县、丁青县、类乌齐县、察雅县）。

宿主、部位、分布：黄羊；瘤胃、十二指肠；昌都市（昌都市、江达县、贡觉县、左贡县、芒康县、八宿县、洛隆县、边坝县、丁青县、类乌齐县、察雅县）。

3.1.4.1.2 后藤同盘吸虫*Paramphistomum gotoi* Fukui，1922

宿主、部位、分布：山羊；瘤胃；拉萨市（尼木县）。

3.1.4.1.3 雷氏同盘吸虫*Paramphistomum leydeni* Nasmark，1937

宿主、部位、分布：山羊；瘤胃；拉萨市（尼木县）。

3.1.4.1.4 原羚同盘吸虫*Paramphistomum procaprum* Wang，1979

宿主、部位、分布：牦牛；瘤胃；那曲市（申扎县）。

3.1.4.1.5 斯氏同盘吸虫*Paramphistomum skrjabini* Popowa，1937

宿主、部位、分布：牦牛；瘤胃；那曲市（申扎县）。

3.2 斜睾目Plagiorchiida La Rue，1957

3.2.1 双腔科Dicrocoeliidae Odhner，1910

3.2.1.1 双腔属 *Dicrocoelium* Dujardin，1845

3.2.1.1.1 中华双腔吸虫*Dicrocoelium chinensis* Tang *et* Tang，1978

宿主、部位、分布：牦牛；胆管、胆囊；拉萨市（林周县）。

宿主、部位、分布：绵羊；胆管、胆囊；拉萨市（林周县）。

宿主、部位、分布：山羊；胆管、胆囊；拉萨市（林周县）。

3.2.1.1.2 矛形双腔吸虫*Dicrocoelium lanceatum* Stiles *et* Hassall，1896

宿主、部位、分布：牦牛；胆管、胆囊；拉萨市（林周县）、林芝市（鲁朗区、巴宜区、米林县）。

宿主、部位、分布：黄牛；胆管、胆囊；拉萨市（林周县）、日喀则市（江孜县）。

宿主、部位、分布：绵羊；胆管、胆囊；拉萨市、拉萨市（林周县）日喀则市（康马县）。

宿主、部位、分布：山羊；胆管、胆囊；拉萨市（林周县）、日喀则市（康马县、江孜县）、那曲市（申扎县）。

3.2.1.1.3 东方双腔吸虫*Dicrocoelium orientalis* Sudarikov *et* Ryjikov，1951

宿主、部位、分布：绵羊；胆管、胆囊；日喀则市（康马县）。

宿主、部位、分布：山羊；胆管、胆囊；日喀则市（康马县）。

3.2.1.1.4 扁体双腔吸虫*Dicrocoelium platynosomum* Tang，Tang，Qi，*et al.*，1981

宿主、部位、分布：黄牛；胆管、胆囊；拉萨市（林周县）。

宿主、部位、分布：绵羊；胆管、胆囊；拉萨市（林周县）、日喀则市（江孜县）。

3.3 枭形目Strigeida La Rue，1926

3.3.1 短咽科Brachylaimidae Joyeux *et* Foley，1930

3.3.1.1 斯孔属 *Skrjabinotrema* Orloff，Erschoff *et* Badanin，1934

3.3.1.1.1 羊斯孔吸虫*Skrjabinotrema ovis* Orloff，Erschoff *et* Badanin，1934

宿主、部位、分布：牦牛；小肠；拉萨市（林周县）。

宿主、部位、分布：黄牛；小肠；拉萨市（林周县）。

宿主、部位、分布：绵羊；小肠；拉萨市（林周县）、日喀则市（康马县、江孜县）、昌都市（昌都市、八宿县）。

宿主、部位、分布：山羊；小肠；日喀则市（康马县、江孜县）。

3.3.2 分体科Schistosomatidae Poche，1907

3.3.2.1 东毕属 *Orientobilharzia* Dutt *et* Srivastava，1955

3.3.2.1.1 彭氏东毕吸虫*Orientobilharzia bomfordi*（Montgomery，1906）Dutt *et* Srivastava，1955

宿主、部位、分布：黄牛；门静脉；日喀则市（江孜县）。

宿主、部位、分布：绵羊；门静脉；拉萨市（林周县）。

3.3.2.1.2 土耳其斯坦东毕吸虫*Orientobilharzia turkestanica*（Skrjabin，1913）Dutt *et* Srivastava，1955

同物异名：程氏东毕吸虫*Orientobilharzia cheni* Hsu *et* Yang，1957。

宿主、部位、分布：山羊；肠系膜门静脉；拉萨市（尼木县）。

4 原棘头虫纲Archiacanthocephala Meyer，1931

4.1 少棘吻目Oligacanthorhynchida Petrochenko，1956

4.1.1 少棘吻科Oligacanthorhynchidae Southwell *et* Macfie，1925

4.1.1.1 巨吻属 *Macracanthorhynchus* Travassos，1917

4.1.1.1.1 蛭形巨吻棘头虫*Macracanthorhynchus hirudinaceus*（Pallas，1781）Travassos，1917

同物异名：猪巨吻棘头虫，*Taenia haeruca* Pallas，1776、

Echinorhynchus hirudinacea Pallas，1781、*Gigantorhynchus hirundinaceus* Pallas，1781、*Echinorhynchus gigas* Block，1782、*Macracanthorhynchus gigas* Block，1782。

宿主、部位、分布：猪；小肠；拉萨市（林周县）、林芝市（林芝市、米林县）。

原虫 Protozoon

5　孢子虫纲Sporozoasida Leukart，1879

5.1　真球虫目Eucoccidiorida Léger *et* Duboscq，1910

5.1.1　隐孢子虫科Crptosporidiidae Léger，1911

5.1.1.1　隐孢子虫属 *Cryptosporidium* Tyzzer，1907

5.1.1.1.1　安氏隐孢子虫*Cryptosporidium andersoni* Lindsay，Upton，Owens，*et al.*，2000

宿主、部位、分布：牦牛；皱胃；林芝市（米林县、工布江达县、巴宜区）、日喀则市（谢通门县）。

5.1.1.1.2　牛隐孢子虫*Cryptosporidium bovis* Fayer，Santín *et* Xiao，2005

宿主、部位、分布：牦牛；小肠；林芝市（米林县、工布江达县、巴宜区）、日喀则市（谢通门县）。

5.1.2　艾美耳科Eimeriidae Minchin，1903

5.1.2.1　艾美耳属 *Eimeria* Schneider，1875

5.1.2.1.1　艾丽艾美耳球虫*Eimeria alijevi* Musaev，1970

宿主、部位、分布：山羊；小肠、大肠；拉萨市（尼木县）。

5.1.2.1.2　阿普艾美耳球虫*Eimeria apsheronica* Musaev，1970

宿主、部位、分布：山羊；小肠；拉萨市（尼木县）。

5.1.2.1.3　阿洛艾美耳球虫*Eimeria arloingi*（Marotel，1905）Martin，1909

宿主、部位、分布：山羊；小肠、大肠；拉萨市（尼木县）。

5.1.2.1.4 山羊艾美耳球虫*Eimeria caprina* Lima，1979
宿主、部位、分布：山羊；肠道；拉萨市（尼木县）。

5.1.2.1.5 羊艾美耳球虫*Eimeria caprovina* Lima，1980
宿主、部位、分布：山羊；肠道；拉萨市（尼木县）。

5.1.2.1.6 克里氏艾美耳球虫*Eimeria christenseni* Levine，Ivens *et* Fritz，1962
宿主、部位、分布：山羊；肠道；拉萨市（尼木县）。

5.1.2.1.7 盲肠艾美耳球虫*Eimeria coecicola* Cheissin，1947
宿主、部位、分布：兔；盲肠；拉萨市、昌都市（昌都市）。

5.1.2.1.8 黄色艾美耳球虫*Eimeria flavescens* Marotel *et* Guilhon，1941
宿主、部位、分布：兔；盲肠；昌都市（昌都市）。

5.1.2.1.9 家山羊艾美耳球虫*Eimeria hirci* Chevalier，1966
宿主、部位、分布：山羊；肠道；拉萨市（尼木县）。

5.1.2.1.10 肠艾美耳球虫*Eimeria intestinalis* Cheissin，1948
宿主、部位、分布：兔；大肠、小肠；拉萨市、昌都市（昌都市）。

5.1.2.1.11 无残艾美耳球虫*Eimeria irresidua* Kessel *et* Jankiewicz，1931
宿主、部位、分布：兔；小肠；拉萨市、昌都市（昌都市）。

5.1.2.1.12 约奇艾美耳球虫*Eimeria jolchijevi* Musaev，1970
宿主、部位、分布：山羊；小肠；拉萨市（尼木县）。

5.1.2.1.13 大型艾美耳球虫*Eimeria magna* Pérard，1925
宿主、部位、分布：兔；小肠、盲肠；拉萨市（拉萨市）、昌都市（昌都市）。

5.1.2.1.14 马氏艾美耳球虫*Eimeria matsubayashii* Tsunoda，1952
同物异名：松林艾美耳球虫。
宿主、部位、分布：兔；回肠；昌都市（昌都市）。

5.1.2.1.15 中型艾美耳球虫*Eimeria media* Kessel，1929
宿主、部位、分布：兔；小肠；拉萨市。

5.1.2.1.16 那格浦尔艾美耳球虫*Eimeria nagpurensis* Gill *et* Ray，1960
宿主、部位、分布：兔；小肠；昌都市（昌都市）。

5.1.2.1.17　新兔艾美耳球虫*Eimeria neoleporis* Carvalho，1942

宿主、部位、分布：兔；大肠；昌都市（昌都市）。

5.1.2.1.18　尼氏艾美耳球虫*Eimeria ninakohlyakimovae* Yakimoff *et* Rastegaieff, 1930

宿主、部位、分布：山羊；肠道；拉萨市（尼木县）。

5.1.2.1.19　穿孔艾美尔球虫*Eimeria perforans*（Leuckart，1879）Sluiter *et* Swellengrebel，1912

宿主、部位、分布：兔；小肠、盲肠；拉萨市、昌都市（昌都市）。

5.1.2.1.20　梨形艾美耳球虫*Eimeria piriformis* Kotlán *et* Pospesch，1934

宿主、部位、分布：兔；空肠、回肠、大肠；拉萨市。

5.1.2.1.21　斯氏艾美尔球虫*Eimeria stiedae*（Lindemann，1865）Kisskalt *et* Hartmann，1907

宿主、部位、分布：兔；肝脏、胆管；拉萨市、昌都市（昌都市）。

5.1.3　**住肉孢子虫科**Sarcocystidae Poche，1913

5.1.3.1　**新孢子虫属** *Neospora* Dubey，Carpenter，Speer，*et al.*，1988

5.1.3.1.1　犬新孢子虫*Neospora caninum* Dubey, Carpenter，Speer，*et al.*, 1988

宿主、部位、分布：牦牛；脑；日喀则市、拉萨市、林芝市、昌都市。

宿主、部位、分布：黄牛；脑；昌都市（江达县）、山南市（朗县）、林芝市（米林县）。

5.1.3.2　**住肉孢子虫属** *Sarcocystis* Lankester，1882

5.1.3.2.1　山羊犬住肉孢子虫*Sarcocystis capracanis* Fischer，1979

宿主、部位、分布：山羊；食道肌、心肌、膈肌；拉萨市（尼木县）。

宿主、部位、分布：绵羊；食道肌、心肌、膈肌；拉萨市（当雄县）。

5.1.3.2.2 家山羊犬肉孢子虫*Sarcocystis hircicanis* Heydorn *et* Unterholzner, 1983

宿主、部位、分布：山羊；食道肌、心肌、膈肌；拉萨市（尼木县）。

宿主、部位、分布：绵羊；食道肌、心肌、膈肌；拉萨市（当雄县）。

5.1.3.2.3 绵羊犬住肉孢子虫*Sarcocystis ovicanis* Heydorn，Gestrich，Melhorn，*et al.*，1975

同物异名：脆弱住肉孢子虫*Sarcocystis tenella*（Railliet，1886）Moulé，1886。

宿主、部位、分布：黄羊；食道肌；昌都市（八宿县）。

宿主、部位、分布：山羊；食道肌、心肌、膈肌；拉萨市（尼木县）。

宿主、部位、分布：绵羊；食道肌、心肌、膈肌；拉萨市（当雄县）。

5.1.3.2.4 肉孢子虫*Sarcocystis pilosa*

宿主、部位、分布：山羊；食道肌、心肌、膈肌；拉萨市（尼木县）。

宿主、部位、分布：绵羊；食道肌、心肌、膈肌；拉萨市（当雄县）。

5.1.3.3 弓形虫属 *Toxoplasma* Nicolle *et* Manceaux，1909

5.1.3.3.1 龚地弓形虫*Toxoplasma gondii*（Nicolle *et* Manceaux，1908）Nicolle *et* Manceaux，1909

宿主、部位、分布：牦牛；横纹肌；拉萨市、林芝市、昌都市、那曲市、阿里地区。

宿主、部位、分布：黄牛；横纹肌；昌都市（江达县）、山南市（朗县）、林芝市（米林县）。

宿主、部位、分布：猪；横纹肌；拉萨市（堆龙德庆区、曲水区、达孜区、墨竹工卡县、林周县、尼木县）、林芝市（巴宜区、米林县、工布江达县）。

5.2 梨形虫目Piroplasmida Wenyon，1926

5.2.1 巴贝斯科Babesiidae Poche，1913

5.2.1.1 巴贝斯属 *Babesia* Starcovici，1893

5.2.1.1.1 双芽巴贝斯虫*Babesia bigemina* Smith *et* Kiborne，1893

宿主、部位、分布：牛；红细胞内；林芝市（察隅县）。

5.2.1.1.2 牛巴贝斯虫*Babesia bovis*（Babes，1888）Starcovici，1893

宿主、部位、分布：牛；红细胞内；西藏（具体区域不详）。

5.2.1.1.3 柯契卡巴贝斯虫*Babesia colchica*

宿主、部位、分布：牛；红细胞内；林芝市（察隅县）。

5.2.1.1.4 莫氏巴贝斯虫*Babesia motasi* Wenyon，1926

宿主、部位、分布：羊；红细胞内；西藏（具体区域不详）。

5.2.2 泰勒科Theileriidae du Toit，1918

5.2.2.2 泰勒属 *Theileria* Bettencourt，Franca *et* Borges，1907

5.2.2.2.1 环形泰勒虫*Theileria annulata*（Dschunkowsky *et* Luhs，1904）Wenyon，1926

宿主、部位、分布：牦牛；红细胞和网状内皮系统的细胞内；林芝市（工布江达县）。

宿主、部位、分布：黄牛；红细胞和网状内皮系统的细胞内；林芝市（工布江达县）。

5.2.2.2.2 突变泰勒虫*Theileria mutans*（Theiler，1906）Franca，1909

宿主、部位、分布：牛；红细胞和网状内皮系统的细胞内；林芝市（察隅县）。

节肢动物 Arthropod

6 蛛形纲Arachnida Lamarck，1815

6.1 真螨目Acariformes Krantz，1978

6.1.1 囊螨科 Ascidae Oudemans，1905

6.1.1.1 毛绥螨属 *Lasioseius* Berlese，1916

6.1.1.1.1 亚东毛绥螨*Lasioseius yadongensis* Ma & Wang，1997

宿主、部位、分布：鼠兔；体上；日喀则市（亚东县）。

6.1.2 血革螨科 Haemogamasidae Oudemans，1926

6.1.2.1 血革螨属 *Haemogamasus* A.Berlese，1889

6.1.2.1.1 凹胸血革螨*Haemogamasus concavus* Teng *et* Pan，1964

宿主、部位、分布：鼠兔；体上；西藏（具体区域不详）。

6.1.2.1.2 葫形血革螨*Haemogamasus cucurbitoides* Wang *et* Pan，1994

宿主、部位、分布：鼩鼱；体上；山南市（错那县）。

宿主、部位、分布：锡金松田鼠；体上；山南市（错那县）。

6.1.2.1.3 达呼尔血革螨*Haemogamasus dauricus* Bregetova，1950

宿主、部位、分布：鼠兔；体上；日喀则市（亚东县）。

6.1.2.1.4 背颖血革螨*Haemogamasus dorsalis* Teng *et* Pan，1961

宿主、部位、分布：社鼠；体上；日喀则市（亚东县）。

6.1.2.1.5 荷氏血革螨*Haemogamasus hodosi* Goncharova *et* Buyakova, 1961

宿主、部位、分布：鼠兔；体上；西藏（具体区域不详）。

6.1.2.1.6 东北血革螨*Haemogamasus mandshuricus* Vitzthum，1930

宿主、部位、分布：白尾松田鼠；巢穴；西藏（具体区域不详）。

6.1.2.1.7 巢仿血革螨*Haemogamasus nidiformes* Bregetova，1955

宿主、部位、分布：白尾松田鼠；巢穴；西藏（具体区域不详）。

6.1.2.1.8 橄形血革螨*Haemogamasus oliviformis* Teng *et* Pan，1964

宿主、部位、分布：白尾松田鼠；体表；日喀则市（亚东县）。

6.1.2.1.9 拟东北血革螨*Haemogamasus submandschuricus* Piao *et* Ma，1980

宿主、部位、分布：白尾松田鼠；巢穴；西藏（具体区域不详）。

6.1.3 厉螨科Laelapidae Berlese，1892

6.1.3.1 地厉螨属 *Dipolaelaps* Zemskaya *et* Piontkovskaya，1960

6.1.3.1.1 薄片地厉螨，新种*Dipolaelaps histis* sp. nov

宿主、部位、分布：长爪鼩鼱；体上；日喀则市（聂拉木县）。

宿主、部位、分布：大足鼠；体上；日喀则市（聂拉木县）。

6.1.3.2 阳厉螨属 *Androlaelaps* Berlese，1903

6.1.3.2.1 巴氏阳厉螨*Androlaelaps pavlovskii* Bregetova，1955

宿主、部位、分布：社鼠；体上；日喀则市（亚东县）。

6.1.3.3 刺螨属 *Hirstionyssus* Fonseca，1948

6.1.3.3.1 错那赫刺螨*Hirstionyssus cuonai* Wang *et* Pan，1994

宿主、部位、分布：高原松田鼠；体上；山南市（错那县）。

6.1.3.3.2 鼠兔赫刺螨*Hirstionyssus ochotonae* Lange *et* Petrova，1958

宿主、部位、分布：红耳鼠兔；体上；西藏（具体区域不详）。

宿主、部位、分布：黄鼬；体上；西藏（具体区域不详）。

6.1.3.3.3 后棘赫刺螨*Hirstionyssus posterospinus* Wang *et* Pan，1994

宿主、部位、分布：鼩鼱；体上；山南市（错那县）。

6.1.3.3.4 内蒙伊赫刺螨*Hirstionyssus transiliensis neimongkuensis* Yao, 1966

宿主、部位、分布：白尾松田鼠；巢穴；西藏（具体区域不详）。

6.1.3.4 厉螨属 *Laelaps* Koch，1836

6.1.3.4.1 毒厉螨*Laelaps echidninus* Berlese，1887

宿主、部位、分布：鼠；体上；西藏（具体区域不详）。

6.1.3.4.2 特厉螨*Laelaps traubi* Domrow，1962

宿主、部位、分布：社鼠；体上；日喀则市（亚东县）。

6.1.3.4.3 土尔克斯坦厉螨*Laelaps turkestanicus* Lange，1955

宿主、部位、分布：社鼠；体上；日喀则市（亚东县）。

6.1.4 巨螯螨科 Macrochelidae Vitzthum，1930

6.1.4.1 **巨螯螨属** *Macrocheles* Latreille，1829

6.1.4.1.1 无色巨螯螨*Macrocheles decoloratus* C.L.Koch，1839

宿主、部位、分布：黑唇鼠兔；体上；日喀则市（亚东县）。

6.1.5 巨刺螨科 Macronyssidae Oudemans，1936

6.1.5.1 **肪刺螨属** *Steatonyssus* Kolenati，1858

6.1.5.1.1 围捷肪刺螨*Steatonyssus periblepharus* Kolenati，1858

宿主、部位、分布：蝙蝠；体上；林芝市（察隅）。

6.1.6 土革螨科 Ologamasidae Ryke，1962

6.1.6.1 **宽寄螨属** *Euryparasitus* Oudemans，1902

6.1.6.1.1 洮江宽寄螨*Euryparasitus taojiangensis* Ma，1982

宿主、部位、分布：社鼠；巢穴；日喀则市（亚东县）。

6.1.7 厚厉螨科 Pachylaelapidae Berlese，1913

6.1.7.1 **厚厉螨属** *Pachylaelaps* Berlese，1904

6.1.7.1.1 甘肃厚厉螨*Pachylaelaps gansuensis* Ma，1985

宿主、部位、分布：社鼠；体上；日喀则市（亚东县）。

6.1.7.1.2 西藏厚厉螨*Pachylaelaps xizangensis* Ma & Wang，1997

宿主、部位、分布：社鼠；体上；日喀则市（亚东县）。

6.1.8 寄螨科 Parasitidae Oudemans，1901

6.1.8.1 **寄螨属** *Parasitus* Latreille，1795

6.1.8.1.1 亲缘寄螨*Parasitus consanguincus* Oudemans *et* Voigts，1904

宿主、部位、分布：白尾松田鼠；巢穴；西藏（具体区域不详）。

6.1.8.2 异肢螨属 *Poecilochirus* G. Canestrini *et* R. Canestrini，1882

6.1.8.2.1 埋岬异肢螨*Poecilochirus necrophori* Vitzthum，1930

宿主、部位、分布：长爪鼩鼱；巢穴；日喀则市（亚东县）。

6.1.8.3 常革螨属 *Vulgarogamasus* S.I. Tikhomirov，1969

6.1.8.3.1 三尖常革螨*Vulgarogamasus trifidus* Ma，1987

宿主、部位、分布：白尾松田鼠；巢穴；西藏（具体区域不详）。

6.1.9 痒螨科Psoroptidae Canestrini，1892

6.1.9.1 痒螨属 *Psoroptes* Gervais，1841

6.1.9.1.1 牛痒螨*Psoroptes equi* var. *bovis* Gerlach，1857

宿主、部位、分布：牦牛；体表，尤以尾根内侧、耳壳内侧多发；昌都市（江达县）。

6.1.9.1.2 绵羊痒螨*Psoroptes equi* var. *ovis* Hering，1838

宿主、部位、分布：绵羊；体表；昌都市（昌都市）。

6.1.10 疥螨科Sarcoptidae Trouessart，1892

6.1.10.1 疥螨属 *Sarcoptes* Latreille，1802

6.1.10.1.1 山羊疥螨*Sarcoptes scabiei* var. *caprae*

宿主、部位、分布：山羊；体表、嘴唇、鼻面、眼圈及耳根部乃至全身；山南市（乃东区）、昌都市（昌都市、江达县、贡觉县、左贡县、芒康县、八宿县、洛隆县、边坝县、丁青县、类乌齐县、察雅县）。

6.1.10.1.2 绵羊疥螨*Sarcoptes scabiei* var. *ovis* Mégnin，1880

宿主、部位、分布：绵羊；体表；山南市（乃东区）。

6.1.10.1.3 猪疥螨*Sarcoptes scabiei* var. *suis* Gerlach，1857

宿主、部位、分布：猪；头、颈、胸、股及四肢等处皮肤内；昌都市（昌都市）。

6.1.11 蝠螨科Spinturnicidae Rudnick，1960

6.1.11.1 蝠螨属 *Spinturnix* von Heyden，1826

6.1.11.1.1 藏蝠螨*Spinturnix tibetensis* Teng，1981

宿主、部位、分布：蝙蝠；体上；林芝市（察隅）。

6.1.12 恙螨科Trombiculidae Ewing，1944

6.1.12.1 纤恙螨属 *Leptotrombidium* Nagayo，Miyagawa，Mitamura, *et al.*, 1916

6.1.12.1.1 地理纤恙螨*Leptotrombidium deliense* Walch，1922

宿主、部位、分布：鸡；体表；西藏（具体区域不详）。

6.1.12.1.2 蜀闽纤恙螨*Leptotrombidium shuminense* Zhang, Deng & Wang, 1996

宿主、部位、分布：鸡；体上；日喀则市（聂拉木县）。

宿主、部位、分布：社鼠；体上；日喀则市（聂拉木县）。

宿主、部位、分布：大足鼠；体上；日喀则市（聂拉木县）。

宿主、部位、分布：拟家鼠；体上；日喀则市（聂拉木县）。

宿主、部位、分布：黑家鼠；体上；日喀则市（聂拉木县）。

宿主、部位、分布：长爪鼩鼱；体上；日喀则市（聂拉木县）。

宿主、部位、分布：橙腹长吻松鼠；体上；日喀则市（聂拉木县）。

6.1.12.1.3 蝙蝠纤恙螨*Leptotrombidium vesperlilum* Zhang，Deng & Wang, 1996

宿主、部位、分布：蝙蝠；体上；日喀则市（亚东县）。

6.1.12.1.4 友谊纤恙螨*Leptotrombidium youyi* Zhang，Deng & Wang，1996

宿主、部位、分布：鸡；体上；日喀则市（聂拉木县）。

宿主、部位、分布：大足鼠；体上；日喀则市（聂拉木县）。

6.1.12.1.5 樟木纤恙螨*Leptotrombidium zhangmuense* Zhang, Deng & Wang, 1996

宿主、部位、分布：鸡；体上；日喀则市（聂拉木县）。

宿主、部位、分布：大足鼠；体上；日喀则市（聂拉木县）。

6.1.12.2 微恙螨属 *Microtrombicula* Ewing，1950

6.1.12.2.1 安氏微恙螨*Microtrombicula anjiyaoi* Zhang，Deng，Xie，Yu & Wang，1997

宿主、部位、分布：拟家鼠；体上；日喀则市（聂拉木县）。

宿主、部位、分布：大足鼠；体上；日喀则市（聂拉木县）。

6.1.12.3 新棒恙螨属 *Neoschoengastia* Ewing，1929

6.1.12.3.1 野兔新棒恙螨*Neoschoengastia lepusia* Zhang，Deng，Yu *et* Wang, 1997

宿主、部位、分布：鼠兔；体上；日喀则市（昂仁县）。

6.1.12.4 新恙螨属 *Neotrombicula* A. S. Hirst，1915

6.1.12.4.1 长感新恙螨*Neotrombicula longisensilla* Wang *et* Pan，1994

宿主、部位、分布：锡金松田鼠；体上；山南市（错那县）。

6.1.12.5 棒六恙螨属 *Schoengastiella* Hirst，1915

6.1.12.5.1 贡日棒六恙螨*Schoengastiella gongrii* Wang *et* Pan

宿主、部位、分布：灰腹鼠；体上；山南市（错那县）。

宿主、部位、分布：锡金松田鼠；体上；日喀则市（亚东县）。

6.1.12.5.2 石滚棒六恙螨*Schoengastiella lapivoluta* Zhang，Deng，Xie，Yu *et* Wang，1997

宿主、部位、分布：拟家鼠；体上；日喀则市（聂拉木县）。

宿主、部位、分布：大足鼠；体上；日喀则市（聂拉木县）。

6.1.12.6 叶片恙螨属 *Trombiculindus* Radford，1948

6.1.12.6.1 亚东叶片恙螨*Trombiculindus yadongensis* Zhang, Deng & Wang, 1997

宿主、部位、分布：鼠兔；体上；日喀则市（亚东县帕里镇、下司马镇）。

宿主、部位、分布：黑家鼠；体上；日喀则市（亚东县帕里镇、下司马镇）。

6.1.12.6.2 虞氏叶片恙螨*Trombiculindus yui* Zhang，Deng & Wang，1997

宿主、部位、分布：鼠兔；体上；日喀则市（亚东县帕里镇）。

6.1.12.7 毫前恙螨属 *Walchiella* Fuller，1952

6.1.12.7.1 许氏毫前恙螨*Walchiella xui* Wang *et* Pan，1995

宿主、部位、分布：锡金松田鼠；体上；日喀则市（亚东县）。

6.2 寄形目Parasitiformes Krantz，1978

6.2.1 软蜱科Argasidae Canestrini，1890

6.2.1.1 钝缘蜱属 *Ornithodorus* Koch，1844

6.2.1.1.1 拉合尔钝缘蜱*Ornithodorus lahorensis* Neumann，1908

宿主、部位、分布：牦牛；体表；拉萨市（林周县）、日喀则市（江孜县）、那曲市（申扎县）。

宿主、部位、分布：黄牛；体表；拉萨市（林周县）。

宿主、部位、分布：绵羊；体表；拉萨市（林周县）、日喀则市、昌都市（贡觉县）。

宿主、部位、分布：驴；体表；拉萨市（林周县）。

6.2.1.1.2　特突钝缘蜱*Ornithodorus tartakovskyi* Olenev，1931

宿主、部位、分布：羊；体表；西藏（具体区域不详）。

6.2.2　硬蜱科 Ixodidae Murray，1877

6.2.2.1　异扇蜱属 *Anomalohimalaya* Hoogstraal，Kaiser & Mitchell，1970

6.2.2.1.1　喇嘛异扇蜱*Anomalohimalaya lamai* Hoogstraal，Kaiser & Mitchell，1970

宿主、部位、分布：藏仓鼠；体表；西藏（具体区域不详）。

6.2.2.2　花蜱属 *Amblyomma* Koch，1844

6.2.2.2.1　龟形花蜱*Amblyomma testudinarium* Koch，1844

宿主、部位、分布：牛；体表；西藏（具体区域不详）。

宿主、部位、分布：山羊；体表；西藏（具体区域不详）。

宿主、部位、分布：马；体表；西藏（具体区域不详）。

6.2.2.3　牛蜱属 *Boophilus* Curtice，1891

6.2.2.3.1　微小牛蜱*Boophilus microplus* Canestrini，1887

同物异名：南方牛蜱*Boophilus australis* Fuller，1889、突尾牛蜱*Boophilus caudatus* Neumann，1897、中华牛蜱*Boophilus sinensis* Minning，1934。

宿主、部位、分布：牦牛；体表；日喀则市（聂拉木县）、林芝市（波密县、察隅、墨脱）。

宿主、部位、分布：犏牛；体表；日喀则市（聂拉木县）、林芝市（波密县、察隅、墨脱）。

宿主、部位、分布：黄牛；体表；日喀则市（聂拉木县）、林芝市（波密县、察隅、墨脱）。

宿主、部位、分布：绵羊；体表；拉萨市（林周县）。

宿主、部位、分布：山羊；体表；日喀则市（聂拉木县）、林芝市（波密县、察隅、墨脱）。

6.2.2.4　革蜱属 *Dermacentor* Koch，1844

6.2.2.4.1　阿坝革蜱*Dermacentor abaensis* Teng，1963

宿主、部位、分布：牦牛；体表；日喀则市（亚东县、聂拉木县）。

宿主、部位、分布：犬；体表；日喀则市（聂拉木县）。

宿主、部位、分布：马；体表；日喀则市（聂拉木县）。

6.2.2.4.2　金泽革蜱*Dermacentor auratus* Supino，1897

宿主、部位、分布：犬；体表；日喀则市（亚东县）。

宿主、部位、分布：猪；体表；日喀则市（亚东县）。

宿主、部位、分布：人；体表；日喀则市（亚东县）。

宿主、部位、分布：黑熊；体表；日喀则市（亚东县）。

6.2.2.4.3　美盾革蜱*Dermacentor bellulus* Schulze，1935

宿主、部位、分布：犬；体表；西藏（具体区域不详）。

6.2.2.4.4　西藏革蜱*Dermacentor everestianus* Hirst，1926

同物异名：比氏革蜱*Dermacentor birulai* Olenev，1927。

宿主、部位、分布：牦牛；体表；阿里地区（噶尔县）。

宿主、部位、分布：犏牛；体表；日喀则市（亚东县）。

宿主、部位、分布：绵羊；体表；日喀则市（亚东县）。

宿主、部位、分布：山羊；体表；阿里地区（普兰县、噶尔县、札达县、日土县、革吉县）。

宿主、部位、分布：马；体表；日喀则市（亚东县）、阿里地区（噶尔县）。

宿主、部位、分布：喜马拉雅旱獭；体表；拉萨市（当雄县）、昌都市（察雅县）、阿里地区。

宿主、部位、分布：兔；体表；阿里地区。

宿主、部位、分布：鼠；体表；阿里地区。

宿主、部位、分布：高原兔；体表；阿里地区（普兰县、噶尔县、札达县、日土县、革吉县）。

宿主、部位、分布：藏野驴；体表；阿里地区（普兰县、噶尔县、札达县、日土县、革吉县）。

宿主、部位、分布：犬；体表；阿里地区（普兰县、噶尔县、札达县、日土县、革吉县）。

宿主、部位、分布：狼；体表；阿里地区（普兰县、噶尔县、札达县、日土县、革吉县）。

宿主、部位、分布：狐；体表；阿里地区（普兰县、噶尔县、札达县、日土县、革吉县）。

6.2.2.4.5　边缘革蜱*Dermacentor marginatus* Sulzer，1776

宿主、部位、分布：家畜；体表；西藏（具体区域不详）。

6.2.2.4.6　银盾革蜱*Dermacentor niveus* Neumann，1897

宿主、部位、分布：牦牛；体表；拉萨市（当雄县）、阿里地区（噶尔县、日土县、革吉县、普兰县）。

宿主、部位、分布：绵羊；体表；日喀则市（亚东县）、阿里地区（普兰县）。

宿主、部位、分布：马；体表；日喀则市（亚东县）、阿里地区（普兰县、噶尔县、日土县、革吉县）。

宿主、部位、分布：羊；体表；阿里地区（噶尔县、日土县、革吉县、普兰县）。

宿主、部位、分布：白尾松田鼠；体表；阿里地区。

宿主、部位、分布：高原兔；体表；阿里地区。

宿主、部位、分布：喜马拉雅旱獭；体表；阿里地区。

宿主、部位、分布：宿主不详；寄生部位不详；阿里地区（改则县、措勤县）。

6.2.2.4.7　草原革蜱*Dermacentor nuttalli* Olenev，1928

宿主、部位、分布：牦牛；体表；拉萨市（曲水县、当雄县）、那曲市（比如县）、山南市（扎囊县、错那县）、昌都市（昌都市、江达县、贡觉县、左贡县、芒康县、八宿县、洛隆县、边坝县、丁青县、类乌齐县、察雅县）、阿里地区（普兰县）。

宿主、部位、分布：黄牛；体表；昌都市（昌都市、江达县、贡觉县、左贡县、芒康县、八宿县、洛隆县、边坝县、丁青县、类乌齐县、察雅县）。

宿主、部位、分布：绵羊；体表；拉萨市（当雄县、曲水县）、日喀则市（康马县）、那曲市（比如县）、山南市（扎囊县、错那县）、昌都市（昌都市、江达县、贡觉县、左贡县、芒康县、八宿县、洛隆县、边坝县、丁青县、类乌齐县、察雅县）、阿里地区（普兰县）。

宿主、部位、分布：山羊；体表；拉萨市（当雄县、林周县、曲水县）、日喀则市（康马县）、那曲市（比如县）、山南市（扎囊县、错那县）、昌都市（昌都市、江达县、贡觉县、左贡县、芒康县、八宿县、洛隆县、边坝县、丁青县、类乌齐县、察雅县）、阿里地区（普兰县）。

宿主、部位、分布：马；体表；拉萨市（曲水县、当雄县）、那曲市（比如县）、山南市（扎囊县、错那县）、昌都市（昌都市、江达县、贡觉县、左贡县、芒康县、八宿县、洛隆县、边坝县、丁青县、类乌齐县、察雅县）、阿里地区（普兰县）。

宿主、部位、分布：喜马拉雅旱獭；体表；拉萨市（曲水县、当雄县）、那曲市（比如县）、山南市（扎囊县、错那县）、昌都市（左贡县）、阿里地区（普兰县）。

6.2.2.5 血蜱属 *Haemaphysalis* Koch，1844

6.2.2.5.1 长须血蜱*Haemaphysalis aponommoides* Warburton，1913

宿主、部位、分布：牦牛；体表；日喀则市（亚东县、聂拉木县）、山南市（错那县）、林芝市（察隅县）。

宿主、部位、分布：犏牛；体表；日喀则市（亚东县、聂拉木县）、山南市（错那县）、林芝市（察隅县）。

宿主、部位、分布：黄牛；体表；日喀则市（亚东县、聂拉木县）、山南市（错那县）、林芝市（察隅县）。

宿主、部位、分布：黑熊；体表；日喀则市（亚东县、聂拉木县）、山南市（错那县）、林芝市（察隅县）。

宿主、部位、分布：犬；体表；日喀则市（聂拉木县）。

宿主、部位、分布：马；体表；日喀则市（聂拉木县）。

6.2.2.5.2 缅甸血蜱*Haemaphysalis birmaniae* Supino，1897

宿主、部位、分布：黄牛；体表；西藏（具体区域不详）。

6.2.2.5.3 二棘血蜱*Haemaphysalis bispinosa* Neumann，1897

宿主、部位、分布：黄牛；体表；西藏（具体区域不详）。

6.2.2.5.4 括氏血蜱*Haemaphysalis colasbelcouri* Santos Dias，1958

宿主、部位、分布：牦牛；体表；西藏（具体区域不详）。

宿主、部位、分布：绵羊；体表；西藏（具体区域不详）。

6.2.2.5.5 具角血蜱*Haemaphysalis cornigera* Neumann，1897

宿主、部位、分布：黄牛；体表；西藏（具体区域不详）。

6.2.2.5.6 褐黄血蜱*Haemaphysalis flava* Neumann，1897

宿主、部位、分布：黄牛；体表；林芝市（墨脱县）。

宿主、部位、分布：绵羊；体表；林芝市（墨脱县）。

宿主、部位、分布：马；体表；林芝市（墨脱县）。

宿主、部位、分布：猪；体表；林芝市（墨脱县）。

宿主、部位、分布：犬；体表；林芝市（墨脱县）。

宿主、部位、分布：黑熊；体表；林芝市（墨脱县）。

6.2.2.5.7 台湾血蜱*Haemaphysalis formosensis* Neumann，1913

宿主、部位、分布：宿主不详；部位不详；日喀则市（聂拉木县）。

6.2.2.5.8 加瓦尔血蜱*Haemaphysalis garhwalensis* Dhanda *et* Bhat，1968

宿主、部位、分布：绵羊；体表；山南市（洛扎县）。

6.2.2.5.9 豪猪血蜱*Haemaphysalis hystricis* Supino，1897

宿主、部位、分布：人；体表；林芝市（墨脱县）。

6.2.2.5.10 缺角血蜱*Haemaphysalis inermis* Birula，1895

宿主、部位、分布：黄牛；体表；林芝市（波密县）。

宿主、部位、分布：马；体表；林芝市（波密县）。

宿主、部位、分布：猪；体表；林芝市（波密县）。

6.2.2.5.11 长角血蜱*Haemaphysalis longicornis* Neumann，1901

宿主、部位、分布：黄牛；体表；林芝市（波密县）。

宿主、部位、分布：猪；体表；林芝市（波密县）。

宿主、部位、分布：犬；体表；林芝市（波密县）。

宿主、部位、分布：人；体表；林芝市（波密县）。

6.2.2.5.12 猛突血蜱*Haemaphysalis montgomeryi* Nuttall，1912

宿主、部位、分布：黄牛；体表；阿里地区（普兰县）。

宿主、部位、分布：绵羊；体表；阿里地区（普兰县）。

宿主、部位、分布：山羊；体表；阿里地区（普兰县）。

宿主、部位、分布：马；体表；阿里地区（普兰县）。

宿主、部位、分布：犬；体表；阿里地区（普兰县）。

宿主、部位、分布：人；体表；阿里地区（普兰县）。

6.2.2.5.13 嗜麝血蜱*Haemaphysalis moschisuga* Teng，1980

宿主、部位、分布：牦牛；体表；山南市（曲松县）、昌都市（类乌齐县、芒康县）。

宿主、部位、分布：林麝；体表；山南市（曲松县）、昌都市（类乌齐县、芒康县）。

6.2.2.5.14 尼泊尔血蜱*Haemaphysalis nepalensis* Hoogstraal，1962

宿主、部位、分布：牦牛；体表；日喀则市（聂拉木县）。

宿主、部位、分布：犏牛；体表；日喀则市（聂拉木县）。

宿主、部位、分布：犬；体表；日喀则市（聂拉木县）。

宿主、部位、分布：马；体表；日喀则市（聂拉木县）。

6.2.2.5.15　青海血蜱*Haemaphysalis qinghaiensis* Teng，1980

宿主、部位、分布：犏牛；体表；昌都市、林芝市（米林县、察隅县）。

宿主、部位、分布：马；体表；昌都市、林芝市（米林县、察隅县）。

宿主、部位、分布：驴；体表；昌都市、林芝市（米林县、察隅县）。

宿主、部位、分布：高原兔；体表；昌都市、林芝市（米林县、察隅县）。

6.2.2.5.16　有沟血蜱*Haemaphysalis sulcata* Canestrini *et* Fanzago，1878

宿主、部位、分布：牦牛；体表；林芝市（波密县）、山南市（洛扎县）、昌都市（左贡县）。

宿主、部位、分布：黄牛；体表；林芝市（波密县）、山南市（洛扎县）、昌都市（左贡县）。

宿主、部位、分布：山羊；体表；林芝市（波密县）、山南市（洛扎县）、昌都市（左贡县）。

6.2.2.5.17　西藏血蜱*Haemaphysalis tibetensis* Hoogstraal，1965

宿主、部位、分布：牦牛；体表；日喀则市（聂拉木县、亚东县）、山南市（错那县、隆子县）、林芝市（察隅县）、昌都市（芒康县）。

宿主、部位、分布：绵羊；体表；日喀则市（聂拉木县、亚东县）、山南市（错那县、隆子县）、林芝市（察隅县）、昌都市（芒康县）。

宿主、部位、分布：狗；体表；日喀则市（聂拉木县）、山南市（错那县、隆子县）、林芝市（察隅县）、昌都市（芒康县）。

宿主、部位、分布：宿主不详；部位不详；日喀则市（亚东县）。

6.2.2.5.18　汶川血蜱*Haemaphysalis warburtoni* Nuttall，1912

宿主、部位、分布：牦牛；体表；日喀则市（聂拉木县）。

宿主、部位、分布：喜马拉雅塔尔羊；体表；日喀则市（聂拉木县）。

宿主、部位、分布：羚羊；体表；日喀则市（聂拉木县）。

6.2.2.6 **璃眼蜱属** *Hyalomma* Koch，1844

6.2.2.6.1 白垛璃眼蜱*Hyalomma albiparmatum* Schulze，1920

宿主、部位、分布：牦牛；体表；昌都市（江达县）。

宿主、部位、分布：绵羊；体表；昌都市（江达县）。

宿主、部位、分布：山羊；体表；昌都市（江达县）。

6.2.2.6.2 残缘璃眼蜱*Hyalomma detritum* Schulze，1919

宿主、部位、分布：牦牛；体表；昌都市（昌都市、江达县、贡觉县、左贡县、芒康县、八宿县、洛隆县、边坝县、丁青县、类乌齐县、察雅县）。

宿主、部位、分布：绵羊；体表；拉萨市（林周县）、昌都市（昌都市、江达县、贡觉县、左贡县、芒康县、八宿县、洛隆县、边坝县、丁青县、类乌齐县、察雅县）。

宿主、部位、分布：山羊；体表；拉萨市（林周县）、昌都市（昌都市、江达县、贡觉县、左贡县、芒康县、八宿县、洛隆县、边坝县、丁青县、类乌齐县、察雅县）。

宿主、部位、分布：马；体表；昌都市（昌都市、江达县、贡觉县、左贡县、芒康县、八宿县、洛隆县、边坝县、丁青县、类乌齐县、察雅县）。

6.2.2.6.3 边缘璃眼蜱*Hyalomma marginatum* Koch，1844

宿主、部位、分布：犏牛；体表；林芝市（察隅县）。

宿主、部位、分布：黄牛；体表；林芝市（察隅县）。

宿主、部位、分布：山羊；体表；林芝市（察隅县）。

6.2.2.7 **硬蜱属** *Ixodes* Leatreille，1795

6.2.2.7.1 锐跗硬蜱*Ixodes acutitarsus* Karsch，1880

宿主、部位、分布：犏牛；体表；日喀则市（聂拉木县）、林芝市（墨脱县、波密县）。

宿主、部位、分布：林麝；体表；日喀则市（聂拉木县）、林芝市（墨脱县、波密县）。

宿主、部位、分布：斑羚；体表；日喀则市（聂拉木县）、林芝市（墨脱县、波密县）。

宿主、部位、分布：黑熊；体表；日喀则市（聂拉木县）、林芝市（墨脱县、波密县）。

宿主、部位、分布：人；体表；日喀则市（聂拉木县）、林芝市

（墨脱县、波密县）。

宿主、部位、分布：犬；体表；日喀则市（聂拉木县）。

宿主、部位、分布：马；体表；日喀则市（聂拉木县）。

6.2.2.7.2 嗜鸟硬蜱*Ixodes arboricola* Schulze *et* Schlottke，1929

宿主、部位、分布：麻雀；体表；日喀则市（聂拉木县）。

6.2.2.7.3 草原硬蜱*Ixodes crenulatus* Koch，1844

宿主、部位、分布：马；体表；拉萨市（当雄县）、昌都市（左贡县）、阿里地区（普兰县）。

宿主、部位、分布：喜马拉雅旱獭；体表；拉萨市（当雄县）、昌都市（左贡县、察雅县）、阿里地区（普兰县）。

宿主、部位、分布：狐；体表；拉萨市（当雄县）、昌都市（左贡县）、阿里地区（普兰县）。

宿主、部位、分布：高原兔；体表；拉萨市（当雄县）、昌都市（左贡县）、阿里地区（普兰县）。

6.2.2.7.4 粒形硬蜱*Ixodes granulatus* Supino，1897

宿主、部位、分布：獴；体表；日喀则市（聂拉木县）。

宿主、部位、分布：黑线姬鼠；体表；日喀则市（聂拉木县）。

宿主、部位、分布：针毛鼠；体表；日喀则市（聂拉木县）。

宿主、部位、分布：社鼠；体表；日喀则市（聂拉木县）。

宿主、部位、分布：长吻松鼠；体表；日喀则市（聂拉木县）。

6.2.2.7.5 克什米尔硬蜱*Ixodes kashmiricus* Pomerantzev，1948

宿主、部位、分布：犏牛；体表；林芝市（波密县）。

6.2.2.7.6 嗜麝硬蜱*Ixodes moscharius* Teng，1982

宿主、部位、分布：林麝；体表；日喀则市（聂拉木县）。

6.2.2.7.7 寄麝硬蜱*Ixodes moschiferi* Nemenz，1968

宿主、部位、分布：林麝；体表；日喀则市（聂拉木县）。

6.2.2.7.8 拟蓖硬蜱*Ixodes nuttallianus* Schulze，1930

宿主、部位、分布：犏牛；体表；日喀则市（亚东县、聂拉木县）、林芝市（波密县）。

宿主、部位、分布：羊；体表；日喀则市（亚东县、聂拉木县）、林芝市（波密县）。

宿主、部位、分布：猪；体表；日喀则市（亚东县、聂拉木县）、林芝市（波密县）。

宿主、部位、分布：犬；体表；日喀则市（亚东县、聂拉木县）、林芝市（波密县）。

宿主、部位、分布：马；体表；日喀则市（聂拉木县）。

6.2.2.7.9 卵形硬蜱*Ixodes ovatus* Neumann，1899

同物异名：台湾硬蜱*Ixodes taiwanensis* Sugimoto，1936、新竹硬蜱*Ixodes shinchikuensis* Sugimoto，1937、*Ixodes shinckikuensis* Luh *et* Woo，1950。

宿主、部位、分布：牦牛；体表；日喀则市（亚东县、聂拉木县）、林芝市（波密县、墨脱县、察隅县）、昌都市。

宿主、部位、分布：犏牛；体表；日喀则市（亚东县、聂拉木县）、林芝市（波密县、墨脱县、察隅县）、昌都市。

宿主、部位、分布：羊；体表；日喀则市（亚东县、聂拉木县）、林芝市（波密县、墨脱县、察隅县）、昌都市。

宿主、部位、分布：马；体表；日喀则市（亚东县、聂拉木县）、林芝市（波密县、墨脱县、察隅县）、昌都市。

宿主、部位、分布：林麝；体表；日喀则市（亚东县、聂拉木县）、林芝市（波密县、墨脱县、察隅县）、昌都市。

宿主、部位、分布：黑熊；体表；日喀则市（亚东县、聂拉木县）、林芝市（波密县、墨脱县、察隅县）、昌都市。

宿主、部位、分布：獐；体表；日喀则市（亚东县、聂拉木县）、林芝市（波密县、墨脱县、察隅县）、昌都市。

宿主、部位、分布：犬；体表；日喀则市（聂拉木县）。

6.2.2.7.10 全沟硬蜱*Ixodes persulcatus* Schulze，1930

宿主、部位、分布：牦牛；体表；日喀则市（亚东县、聂拉木县）、林芝市（波密县）、阿里地区（普兰县）。

宿主、部位、分布：犏牛；体表；日喀则市（亚东县、聂拉木县）、林芝市（波密县）、阿里地区（普兰县）。

宿主、部位、分布：羊；体表；日喀则市（亚东县、聂拉木县）、林芝市（波密县）、阿里地区（普兰县）。

宿主、部位、分布：马；体表；日喀则市（亚东县、聂拉木县）、林芝市（波密县）、阿里地区（普兰县）。

宿主、部位、分布：大足鼠；体表；日喀则市（亚东县、聂拉木县）、林芝市（波密县）、阿里地区（普兰县）。

宿主、部位、分布：社鼠；体表；日喀则市（亚东县、聂拉木县）、林芝市（波密县）、阿里地区（普兰县）。

宿主、部位、分布：人；体表；日喀则市（亚东县、聂拉木县）、林芝市（波密县）、阿里地区（普兰县）。

6.2.2.7.11 西氏硬蜱*Ixodes semenovi* Olenev，1929

宿主、部位、分布：领岩鹨；体表；日喀则市（萨嘎县）。

宿主、部位、分布：红嘴山鸦；体表；日喀则市（萨嘎县）。

宿主、部位、分布：鹰（未命名）；体表；日喀则市（萨嘎县）。

6.2.2.7.12 嗜貉硬蜱*Ixodes tanuki* Saito，1964

宿主、部位、分布：灰腹鼠；体表；西藏（具体区域不详）。

6.2.2.8 扇头蜱属 *Rhipicephalus* Koch，1844

6.2.2.8.1 镰形扇头蜱*Rhipicephalus haemaphysaloides* Supino，1897

宿主、部位、分布：猪；体表；日喀则市（聂拉木县）。

6.2.2.8.2 微小扇头蜱*Rhipicephalus microplus* Canestrini，1888

宿主、部位、分布：牛；体表；日喀则市（聂拉木县）。

宿主、部位、分布：马；体表；日喀则市（聂拉木县）。

宿主、部位、分布：犬；体表；日喀则市（聂拉木县）。

6.2.2.8.3 血红扇头蜱*Rhipicephalus sanguineus* Latreille，1806

宿主、部位、分布：绵羊；体表；日喀则市（聂拉木县）。

宿主、部位、分布：犬；体表；日喀则市（聂拉木县）。

7 **昆虫纲**Insecta Linnaeus，1758

7.1 **虱目**Anoplura Leach，1815

7.1.1 **血虱科**Haematopinidae Enderlein，1904

7.1.1.1 血虱属 *Haematopinus* Leach，1915

7.1.1.1.1 阔胸血虱*Haematopinus eurysternus* Denny，1842

同物异名：牛血虱。

宿主、部位、分布：牦牛；体表；昌都市（昌都市、江达县、贡觉县、左贡县、芒康县、八宿县、洛隆县、边坝县、丁青县、类乌齐县、察雅县）。

宿主、部位、分布：黄牛；体表；昌都市（昌都市、江达县、贡觉县、左贡县、芒康县、八宿县、洛隆县、边坝县、丁青县、类乌齐县、察雅县）。

7.1.1.1.2 猪血虱*Haematopinus suis* Linnaeus，1758

宿主、部位、分布：猪；体表；拉萨市（林周县）、昌都市（昌都市、江达县、贡觉县、左贡县、芒康县、八宿县、洛隆县、边坝县、丁青县、类乌齐县、察雅县）。

7.1.2 **颚虱科**Linognathidae Ferris，1951

7.1.2.1 **颚虱属** *Linognathus* Enderlein，1905

7.1.2.1.1 绵羊颚虱*Linognathus ovillus* Neumann，1907

宿主、部位、分布：绵羊；体表；拉萨市（当雄县）、昌都市（昌都市、江达县、贡觉县、左贡县、芒康县、八宿县、洛隆县、边坝县、丁青县、类乌齐县、察雅县）。

7.1.2.1.2 狭颚虱*Linognathus stenopsis* Burmeister，1838

宿主、部位、分布：绵羊；体表；拉萨市（当雄县）、日喀则市（康马县）。

宿主、部位、分布：山羊；体表；拉萨市（当雄县、林周县）、日喀则市（康马县）、昌都市（昌都市、江达县、贡觉县、左贡县、芒康县、八宿县、洛隆县、边坝县、丁青县、类乌齐县、察雅县）。

7.1.2.1.3 牛颚虱*Linognathus vituli* Linnaeus，1758

宿主、部位、分布：牦牛；体表；昌都市（昌都市、江达县、贡觉县、左贡县、芒康县、八宿县、洛隆县、边坝县、丁青县、类乌齐县、察雅县）。

宿主、部位、分布：黄牛；体表；拉萨市（林周县）、昌都市（昌都市、江达县、贡觉县、左贡县、芒康县、八宿县、洛隆县、边坝县、丁青县、类乌齐县、察雅县）。

7.2 **双翅目**Diptera Linnaeus，1758

7.2.1 **丽蝇科**Calliphoridae Brauer，1889

7.2.1.1 **丽蝇属** *Calliphora* Robineau-Desvoidy，1830

7.2.1.1.1 巨尾阿丽蝇（蛆）*Calliphora grahami* Aldrich，1930

分布：西藏（具体区域不详）。

7.2.1.1.2 红头丽蝇（蛆）*Calliphora vicina* Robineau-Desvoidy，1830

分布：拉萨市、林芝市（朗县、波密县、墨脱县）、日喀则市（亚东县、仁布县、吉隆县、萨迦县）、昌都市（芒康县）。

7.2.1.2 **金蝇属** *Chrysomya* Robineau-Desvoidy，1830

7.2.1.2.1 白氏金蝇（蛆）*Chrysomya bezziana* Villeneuve，1914

同物异名：蛆症金蝇（蛆）。

分布：家畜；体表；西藏（具体区域不详）。

7.2.1.2.2 大头金蝇（蛆）*Chrysomya megacephala* Fabricius，1794

分布：西藏（具体区域不详）。

7.2.1.2.3 广额金蝇（蛆）*Chrysomya phaonis* Seguy，1928

分布：林芝市（波密县、墨脱县）。

7.2.1.2.4 肥躯金蝇（蛆）*Chrysomya pinguis* Walker，1858

分布：拉萨市（当雄县）、林芝市（波密县、墨脱县）。

7.2.1.3 **绿蝇属** *Lucilia* Cassini，1817

7.2.1.3.1 铜绿蝇（蛆）*Lucilia cuprina* Wiedemann，1830

分布：林芝市（墨脱县）、昌都市（芒康县）。

7.2.1.3.2 丝光绿蝇（蛆）*Lucilia sericata* Meigen，1826

分布：那曲市、拉萨市、昌都市（芒康县）、林芝市（波密县、林芝市、米林县）、山南市（泽当镇）、日喀则市（仁布县、昂仁县、拉孜县）。

7.2.1.4 **原伏蝇属** *Protophormia* Townsend，1908

7.2.1.4.1 新陆原伏蝇（蛆）*Protophormia terraenovae* Robineau-Desvoidy，1830

分布：拉萨市、日喀则市（昂仁县）、那曲市。

7.2.2 **蠓科**Ceratopogonidae Mallocah，1917

7.2.2.1 **埃蠓属** *Allohelea* Kieffer，1917

7.2.2.1.1 非常埃蠓*Allohelea allocota* Yu *et* Zhang，sp. nov.

分布：日喀则市（聂拉木县）。

7.2.2.1.2 亚黑埃蠓*Allohelea subnigripes* Yu *et* Deng，sp. nov.

分布：日喀则市（聂拉木县）。

7.2.2.2 阿蠓属 *Alluaudomyia* Kieffer，1913

7.2.2.2.1 角突阿蠓*Alluaudomyia angulata* Wirth *et* Delfinado，1964
分布：西藏（聂拉木县）。

7.2.2.2.2 双刺阿蠓*Alluaudomyia bispinula* Yu *et* Deng，sp. nov.
分布：日喀则市（聂拉木县）。

7.2.2.2.3 小袋阿蠓*Alluaudomyia crumena* Yu *et* Liu，sp. nov.
分布：山南市（错那县）、日喀则市（聂拉木县）、林芝市（波密县）。

7.2.2.2.4 纽结阿蠓*Alluaudomyia desma* Yu，sp. nov.
分布：山南市（错那县）。

7.2.2.2.5 烟色阿蠓*Alluaudomyia fuscula* Yu *et* Liu，sp. nov.
分布：山南市（错那县）。

7.2.2.2.6 钩茎阿蠓*Alluaudomyia rostrata* Yu *et* Deng，sp. nov.
分布：日喀则市（聂拉木县）。

7.2.2.3 裸蠓属 *Atrichopogon* Kieffer，1906

7.2.2.3.1 帮起裸蠓*Atrichopogon bangqiensis* Yan，Zhang *et* Yu，1995
分布：山南市（隆子县）。

7.2.2.3.2 双角裸蠓*Atrichopogon biangulus* Yan，Zhang *et* Yu，1995
分布：山南市（隆子县）。

7.2.2.3.3 双茎裸蠓*Atrichopogon binipenis* Yu *et* Yan，2001
分布：西藏（具体区域不详）。

7.2.2.3.4 强壮裸蠓*Atrichopogon impensus* Yu *et* Yan，2001
分布：日喀则市（定日县）。

7.2.2.3.5 康南裸蠓*Atrichopogon kangnani* Yan，Zhang *et* Yu，1995
分布：林芝市（察隅县）、山南市（错那县）。

7.2.2.3.6 薄囊裸蠓*Atrichopogon lamellamarsipos* Yu *et* Yan，sp. nov.
分布：山南市（错那县）。

7.2.2.3.7 大尾裸蠓*Atrichopogon largipenis* Yan，Zhang *et* Yu，1995
分布：林芝市（波密县）。

7.2.2.3.8 无力裸蠓*Atrichopogon lassus* Yan，Zhang *et* Yu，1995
分布：山南市（隆子县）。

7.2.2.3.9 高原裸蠓*Atrichopogon montigenum* Yu *et* Yan，2001
分布：日喀则市（聂拉木县）。

7.2.2.3.10 聂拉木裸蠓*Atrichopogon nielamuensis* Yu *et* Yan，2001
分布：日喀则市（聂拉木县）。

7.2.2.3.11 防风裸蠓*Atrichopogon pastinaca* Yu，sp. nov.
分布：日喀则市（聂拉木县）。

7.2.2.3.12 樟木裸蠓*Atrichopogon zhangmuensis* Yu *et* Yan，2001
分布：日喀则市（聂拉木县）。

7.2.2.4 贝蠓属 *Bezzia* Kieffer，1899

7.2.2.4.1 细茎贝蠓*Bezzia tenuipennis* Yu *et* Zhang，sp. nov.
分布：日喀则市（聂拉木县）。

7.2.2.4.2 易贡贝蠓*Bezzia yigonga* Yu *et* Yan，sp. nov.
分布：林芝市（波密县）。

7.2.2.4.3 樟木贝蠓*Bezzia zhangmuensis* Yu *et* Zhang，sp. nov.
分布：日喀则市（聂拉木县）。

7.2.2.5 短蠓属 *Brachypogon* Kieffer，1899

7.2.2.5.1 克氏短蠓*Brachypogon kremeri* Szadiewski，1984
分布：日喀则市（聂拉木县）。

7.2.2.5.2 裂茎短蠓*Brachypogon lobulus* Yu *et* Zhang，sp. nov.
分布：日喀则市（聂拉木县）。

7.2.2.5.3 山地短蠓*Brachypogon oreinus* Remm，1974
分布：日喀则市（聂拉木县、亚东县）。

7.2.2.6 库蠓属 *Culicoides* Latreille，1809

7.2.2.6.1 远离库蠓*Culicoides absitus* Liu *et* Yu，1990
分布：山南市（错那县）。

7.2.2.6.2 阿克库蠓*Culicoides achrayi* Kettle *et* Lawson，1955
分布：西藏（具体区域不详）。

7.2.2.6.3 琉球库蠓*Culicoides actoni* Smith，1929
分布：林芝市（墨脱县）、日喀则市（亚东县）。

7.2.2.6.4 白带库蠓*Culicoides albifascia* Tokunaga，1937
分布：林芝市（墨脱县）、日喀则市（聂拉木县）。

7.2.2.6.5　高峰库蠓*Culicoides alpigenus* Yu *et* Liu，sp. nov.

分布：林芝市（察隅县）。

7.2.2.6.6　奄美库蠓*Culicoides amamiensis* Tokunaga，1937

分布：西藏（具体区域不详）。

7.2.2.6.7　黑脉库蠓*Culicoides aterinervis* Tokunaga，1937

分布：林芝市（察隅县、墨脱县、米林县）、日喀则市（聂拉木县）。

7.2.2.6.8　巴沙库蠓*Culicoides baisasi* Wirth *et* Hubert，1959

分布：林芝市（墨脱县、察隅县）。

7.2.2.6.9　双角库蠓*Culicoides bicornus* Liu *et* Yu，sp. nov.

分布：日喀则市（聂拉木县）。

7.2.2.6.10　双棒库蠓*Culicoides bipalus* Yu *et* Ding，1991

分布：林芝市（察隅县）。

7.2.2.6.11　绚丽库蠓*Culicoides candidus* Sen *et* Das Gupta，1959

分布：林芝市（察隅县）。

7.2.2.6.12　多毛库蠓*Culicoides capillosus* Borkent，1997

分布：林芝市（察隅县）。

7.2.2.6.13　盔状库蠓*Culicoides cassideus* Zhang *et* Yu，1990

分布：林芝市（察隅县）。

7.2.2.6.14　察雅库蠓*Culicoides chagyabensis* Lee，1982

分布：昌都市（察雅县）。

7.2.2.6.15　沟栖库蠓*Culicoides charadraeus* Arnaud，1956

分布：日喀则市（聂拉木县）。

7.2.2.6.16　雪翅库蠓*Culicoides chiopterus* Meigen，1830

分布：林芝市（工布江达县）。

7.2.2.6.17　环斑库蠓*Culicoides cirumscriptus* Kieffer，1918

分布：拉萨市、日喀则市（聂拉木县）。

7.2.2.6.18　毛眼库蠓*Culicoides comosioculatus* Tokunaga，1956

分布：日喀则市（聂拉木县）。

7.2.2.6.19　有序库蠓*Culicoides comparis* Liu *et* Yu，sp. nov.

分布：日喀则市（聂拉木县）。

7.2.2.6.20 错那库蠓*Culicoides conaensis* Liu *et* Yu，1990

分布：山南市（错那县）。

7.2.2.6.21 链接库蠓*Culicoides concatervans* Liu *et* Yu，sp. nov.

分布：日喀则市（聂拉木县）。

7.2.2.6.22 柱须库蠓*Culicoides cyliensis* Kitao-ka，1980

分布：日喀则市（聂拉木县）、拉萨市（当雄县）。

7.2.2.6.23 多孔库蠓*Culicoides cylindratus* Kitaoka，1980

分布：日喀则市（聂拉木县）。

7.2.2.6.24 定日库蠓*Culicoides dingriensis* Yu *et* Liu，sp. nov.

分布：日喀则市（定日县）。

7.2.2.6.25 显著库蠓*Culicoides distinctus* Sen *et* Das Gupta，1959

分布：林芝市（察隅县）。

7.2.2.6.26 秀茎库蠓*Culicoides festivipennis* Kieffer，1914

同物异名：恶敌库蠓*Culicoides odibilis* Austen，1921。

分布：林芝市（察隅县）、日喀则市（聂拉木县）。

7.2.2.6.27 似蕨库蠓*Culicoides filicinus* Gornostaeva *et* Gachegova，1972

分布：林芝市（察隅县）。

7.2.2.6.28 黄胸库蠓*Culicoides flavescens* Macfie，1937

同物异名：金库蠓。

分布：西藏（具体区域不详）。

7.2.2.6.29 黄盾库蠓*Culicoides flaviscutatus* Wirth *et* Hubert，1959

分布：林芝市（墨脱县）。

7.2.2.6.30 梯库蠓*Culicoides furcillatus* Callot，Kremer *et* Paradis，1962

分布：日喀则市（聂拉木县、亚东县）。

7.2.2.6.31 渐灰库蠓*Culicoides grisescens* Edwards，1939

分布：林芝市（米林县）、日喀则市（聂拉木县）、昌都市。

7.2.2.6.32 横断库蠓*Culicoides hengduanshanensis* Lee，1984

分布：日喀则市（日喀则市）。

7.2.2.6.33 原野库蠓*Culicoides homotomus* Kieffer，1922

同物异名：同体库蠓。

分布：林芝市（察隅县、工布江达县）。

7.2.2.6.34　顶端库蠓*Culicoides horrrdues* Yu *et* Deng，1988

分布：日喀则市（定日县）。

7.2.2.6.35　霍飞库蠓*Culicoides huffi* Causey，1938

分布：林芝市（察隅县）。

7.2.2.6.36　肩宏库蠓*Culicoides humeralis* Okada，1941

分布：山南市（错那县）、林芝市（察隅县、墨脱县）。

7.2.2.6.37　光胸库蠓*Culicoides impunctuts* Goetghebuer，1920

分布：山南市（错那县）。

7.2.2.6.38　可疑库蠓*Culicoides incertus* Yu *et* Zhang，1988

分布：日喀则市（聂拉木县）。

7.2.2.6.39　印度库蠓*Culicoides indianus* Macfie，1932

分布：山南市（错那县）、林芝市（朗县）。

7.2.2.6.40　连斑库蠓*Culicoides jacobsoni* Macfie，1934

分布：山南市（错那县）、林芝市（察隅县、墨脱县）。

7.2.2.6.41　格林库蠓*Culicoides kelinensis* Lee，1978

分布：林芝市（墨脱县、察隅县）、日喀则市（聂拉木县）、上市（错那县）。

7.2.2.6.42　贵船库蠓*Culicoides kibunensis* Tokunaga，1937

分布：山南市（错那县）、林芝市（墨脱县）。

7.2.2.6.43　河谷库蠓*Culicoides kureksthaicus* Dzhafarov，1962

分布：拉萨市（曲水县）。

7.2.2.6.44　拉萨库蠓*Culicoides lasaensis* Lee，1978

分布：拉萨市（拉萨市）。

7.2.2.6.45　长喙库蠓*Culicoides longirostris* Qu *et* Wang，1994

分布：日喀则市（亚东县、聂拉木县）、山南市（朗县）。

7.2.2.6.46　硕大库蠓*Culicoides majorinus* Chu，1977

分布：林芝市（波密县、墨脱县）、日喀则市（聂拉木县）。

7.2.2.6.47　麻麻库蠓*Culicoides mamaensis* Lee，1979

分布：山南市（错那县）。

7.2.2.6.48　边斑库蠓*Culicoides margipictus* Qu *et* Wang，1994

分布：山南市（错那县）。

7.2.2.6.49 小窝库蠓*Culicoides minimaporus* Liu *et* Yu，sp. nov.

分布：林芝市（察隅县）。

7.2.2.6.50 高山库蠓*Culicoides moticolus* McDonald *et* Lu，1975

分布：林芝市（察隅县）。

7.2.2.6.51 墨脱库蠓*Culicoides motoensis* Lee，1978

分布：林芝市（墨脱县）、日喀则市（聂拉木县）。

7.2.2.6.52 浪卡库蠓*Culicoides nagarzensis* Lee，1979

分布：山南市（浪卡子县）。

7.2.2.6.53 聂拉木库蠓*Culicoides nielamensis* Liu *et* Deng，2000

分布：日喀则市（聂拉木县）。

7.2.2.6.54 日本库蠓*Culicoides nipponensis* Tokunaga，1955

分布：林芝市（米林县）。

7.2.2.6.55 不显库蠓*Culicoides obsoletus* Meigen，1818

分布：林芝市（米林县、察隅县）、山南市（错那县）、日喀则市（聂拉木县）、昌都市（类乌齐县）。

7.2.2.6.56 奥大库蠓*Culicoides odiatus* Austen，1921

分布：拉萨市（拉萨市）。

7.2.2.6.57 冲绳库蠓*Culicoides okinawensis* Arnaud，1956

分布：日喀则市（聂拉木县）。

7.2.2.6.58 东方库蠓*Culicoides orientalis* Macfie，1932

分布：林芝市（察隅县、墨脱县）、山南市（错那县）。

7.2.2.6.59 尖喙库蠓*Culicoides oxystoma* Kieffer，1910

同物异名：亚洲库蠓、虚库蠓、舒氏库蠓*Culicoides schultzei* Enderlein，1908。

分布：山南市（错那县）、林芝市（察隅县）。

7.2.2.6.60 抚须库蠓*Culicoides palpifer* Das Gupta *et* Ghosh，1956

分布：林芝市（墨脱县）、日喀则市、山南市（错那县）。

7.2.2.6.61 黑色库蠓*Culicoides pelius* Liu *et* Yu，1990

分布：山南市（错那县）、林芝市（察隅县、墨脱县）。

7.2.2.6.62 高原库蠓*Culicoides petronius* Liu *et* Yu，sp. nov.

分布：山南市（错那县）、林芝市（察隅县）。

7.2.2.6.63　色茎库蠓*Culicoides pictipennis* Staeger，1839
分布：山南市（错那县）。

7.2.2.6.64　灰黑库蠓*Culicoides pulicaris* Linnaeus，1758
分布：拉萨市（当雄县）、林芝市（察隅县）。

7.2.2.6.65　昌都库蠓*Culicoides qabdoensis* Lee，1979
分布：昌都市（察雅县）。

7.2.2.6.66　稀见库蠓*Culicoides rarus* Das Gupta，1963
分布：山南市（错那县）、林芝市（朗县）。

7.2.2.6.67　苏格兰库蠓*Culicoides scoticus* Downes *et* Kettle，1952
分布：日喀则市（聂拉木县）。

7.2.2.6.68　沙玛库蠓*Culicoides shamaensis* Yu *et* Deng，1990
分布：林芝市（察隅县）。

7.2.2.6.69　志贺库蠓*Culicoides sigaensis* Tokunaga，1937
分布：昌都市（类乌齐县）。

7.2.2.6.70　刺神库蠓*Culicoides spinoverbosus* Qu *et* Wang，1994
分布：山南市（错那县）。

7.2.2.6.71　刺甲库蠓*Culicoides spinulous* Amosova，1957
分布：日喀则市（亚东县）。

7.2.2.6.72　点库蠓*Culicoides stagetus* Lee，1979
分布：昌都市（昌都市）。

7.2.2.6.73　短毛库蠓*Culicoides stupulosus* Zhang *et* Yu，1990
分布：日喀则市（聂拉木县）。

7.2.2.6.74　亚单带库蠓*Culicoides subfascipennis* Kieffer，1919
分布：林芝市（波密县）。

7.2.2.6.75　苏岛库蠓*Culicoides sumatrae* Macfie，1934
分布：山南市（错那县）、林芝市（察隅县、墨脱县）。

7.2.2.6.76　蓬帐库蠓*Culicoides tentorius* Austen，1921
分布：山南市（琼结县）、日喀则市（仲巴县）。

7.2.2.6.77　细须库蠓*Culicoides tenuipalpis* Wirth *et* Hubert，1959
分布：林芝市（察隅县）。

7.2.2.6.78 西藏库蠓*Culicoides tibetensis* Chu，1977

分布：日喀则市（亚东县、吉隆县、定日县）、林芝市（波密县）、拉萨市（拉萨市、当雄县）。

7.2.2.6.79 黑斑库蠓*Culicoides trimaculatus* Medonald *et* Lu，1972

分布：林芝市（察隅县）。

7.2.2.6.80 黑带库蠓*Culicoides tritenuifasciatus* Tokunaga，1959

分布：林芝市（察隅县）。

7.2.2.6.81 肿须库蠓*Culicoides turgeopalpulus* Liu *et* Yu，1990

分布：山南市（错那县）。

7.2.2.6.82 骚扰库蠓*Culicoides vexans* Staeger，1839

分布：拉萨市（拉萨市）。

7.2.2.6.83 亚东库蠓*Culicoides yadongensis* Chu，1988

分布：拉萨市（当雄县）、日喀则市（亚东县、聂拉木县）。

7.2.2.6.84 易贡库蠓*Culicoides yigongensis* Liu *et* Deng，2010

分布：林芝市（林芝市）。

7.2.2.6.85 云南库蠓*Culicoides yunnanensis* Chu *et* Liu，1978

分布：林芝市（察隅县）。

7.2.2.6.86 樟木库蠓*Culicoides zhangmensis* Deng *et* Yu，1990

分布：日喀则市（聂拉木县、日喀则市）。

7.2.2.6.87 支英库蠓*Culicoides zhiyingi* Yu *et* Liu，1990

分布：拉萨市（拉萨市）。

7.2.2.7 **毛蠓属** *Dasyhelea* Kieffer，1911

7.2.2.7.1 角翼毛蠓*Dasyhelea alula* Yu，sp. nov.

分布：山南市（错那县）。

7.2.2.7.2 多突毛蠓*Dasyhelea excelsus* Yu *et* Deng，sp. nov.

分布：日喀则市（聂拉木县）。

7.2.2.7.3 西方毛蠓*Dasyhelea hesperos* Yu *et* Yan，sp. nov.

分布：林芝市（波密县）、山南市（错那县）、拉萨市（当雄县）。

7.2.2.7.4 小囊毛蠓*Dasyhelea miotheca* Yu *et* Deng，sp. nov.

分布：日喀则市（聂拉木县）。

7.2.2.7.5 黑尾毛蠓*Dasyhelea nigritula* Clastrier，Rioux *et* Descous，1961
分布：山南市（隆子县）。

7.2.2.7.6 卑湿毛蠓*Dasyhelea paludicola* Kieffer，1925
分布：日喀则市（聂拉木县）。

7.2.2.7.7 毛簇毛蠓*Dasyhelea penicillatus* Yu *et* Liu，sp. nov.
分布：日喀则市（聂拉木县）。

7.2.2.7.8 钩突毛蠓*Dasyhelea uncinatus* Deng *et* Yu，sp. nov.
分布：日喀则市（聂拉木县）。

7.2.2.8 铗蠓属 *Forcipomyia* Meigen，1818

7.2.2.8.1 温和铗蠓*Forcipomyia almus* Liu *et* Yu，2001
分布：西藏（具体区域不详）。

7.2.2.8.2 尊贵铗蠓*Forcipomyia beatulus* Liu *et* Yu，2001
分布：山南市（错那县），日喀则市（聂拉木县）。

7.2.2.8.3 双刀铗蠓*Forcipomyia bilancea* Liu et Yu，sp. nov.
分布：林芝市（波密县）。

7.2.2.8.4 双刺铗蠓*Forcipomyia bispinula* Liu *et* Yu，sp. nov.
分布：日喀则市（聂拉木县）。

7.2.2.8.5 光滑铗蠓*Forcipomyia blandus* Yu *et* Liu，2005
分布：日喀则市（聂拉木县）。

7.2.2.8.6 具毛铗蠓*Forcipomyia ciliatus* Liu *et* Yu，sp. nov.
分布：日喀则市（聂拉木县）。

7.2.2.8.7 短毛铗蠓*Forcipomyia ciliola* Liu *et* Yu，2001
分布：日喀则市（聂拉木县）。

7.2.2.8.8 环形铗蠓*Forcipomyia circinata* Liu *et* Yu，2001
分布：日喀则市（聂拉木县）。

7.2.2.8.9 多色铗蠓*Forcipomyia coloratus* Liu *et* Yu，2001
分布：山南市（错那县）。

7.2.2.8.10 间断铗蠓*Forcipomyia confragosus* Liu *et* Yu，2001
分布：日喀则市（聂拉木县）。

7.2.2.8.11 困乏铗蠓*Forcipomyia defatigatus* Liu *et* Yu，2001
分布：林芝市（波密县）。

7.2.2.8.12 齿颈铗蠓*Forcipomyia dentapenis* Yu *et* Liu，sp. nov.
分布：日喀则市（聂拉木县）。

7.2.2.8.13 山脊铗蠓*Forcipomyia dirina* Liu *et* Yu，2001
分布：日喀则市（聂拉木县）。

7.2.2.8.14 分叉铗蠓*Forcipomyia dividus* Liu *et* Yu，2001
分布：日喀则市（聂拉木县）。

7.2.2.8.15 叶茎铗蠓*Forcipomyia folipennis* Liu *et* Yu，1997
分布：日喀则市（聂拉木县）。

7.2.2.8.16 黄腹铗蠓*Forcipomyia galbiventris* Borkent，1997
分布：日喀则市（聂拉木县）。

7.2.2.8.17 山地铗蠓*Forcipomyia idaeu* Yu *et* Liu，2000
分布：日喀则市（聂拉木县）。

7.2.2.8.18 光亮铗蠓*Forcipomyia illimis* Liu *et* Yu，2001
分布：山南市（错那县）、日喀则市（聂拉木县）。

7.2.2.8.19 纵意铗蠓*Forcipomyia infrensi* Liu *et* Yu，sp. nov.
分布：日喀则市（聂拉木县）。

7.2.2.8.20 富足铗蠓*Forcipomyia largus* Liu *et* Yu，2001
分布：日喀则市（聂拉木县）。

7.2.2.8.21 长突铗蠓*Forcipomyia longiconus* Liu *et* Yu，2001
分布：山南市（错那县）。

7.2.2.8.22 巨囊铗蠓*Forcipomyia magnasacculus* Liu *et* Yu，2001
分布：日喀则市（聂拉木县）。

7.2.2.8.23 向光铗蠓*Forcipomyia phototropisma* Liu *et* Yu，2001
分布：日喀则市（聂拉木县）。

7.2.2.8.24 裂隙铗蠓*Forcipomyia rima* Yu *et* Xue，sp. nov.
分布：日喀则市（聂拉木县）。

7.2.2.8.25 郊野铗蠓*Forcipomyia ruralis* Liu *et* Yu，2001
分布：山南市（错那县）。

7.2.2.8.26 萨哈铗蠓*Forcipomyia sahariensis* Kieffer，1923
分布：日喀则市（聂拉木县）。

7.2.2.8.27 亚寒铗蠓*Forcipomyia subfrigidus* Liu *et* Yu，2001
分布：山南市（错那县）。

7.2.2.8.28 芽突铗蠓*Forcipomyia surculus* Liu *et* Yu，2001
分布：山南市（错那县）。

7.2.2.8.29 顶盖铗蠓*Forcipomyia tegula* Liu *et* Yu，1997
分布：西藏（具体区域不详）。

7.2.2.8.30 强直铗蠓*Forcipomyia tonicus* Liu *et* Yu，2001
分布：西藏（具体区域不详）。

7.2.2.8.31 扭曲铗蠓*Forcipomyia tortula* Liu *et* Yu，2001
分布：日喀则市（聂拉木县）。

7.2.2.8.32 全整铗蠓*Forcipomyia totus* Liu *et* Yu，2001
分布：山南市（错那县）。

7.2.2.8.33 樟木铗蠓*Forcipomyia zhangmuensis* Liu *et* Yu，2001
分布：日喀则市（聂拉木县）。

7.2.2.9 蠛蠓属 *Lasiohelea* Kieffer，1921
同物异名：拉蠓属。

7.2.2.9.1 低飞蠛蠓*Lasiohelea humilavolita* Yu *et* Liu，1982
分布：西藏（具体区域不详）。

7.2.2.9.2 孟氏蠛蠓*Lasiohelea mengi* Liu *et* Yu，1996
分布：山南市（错那县）。

7.2.2.9.3 南方蠛蠓*Lasiohelea notialis* Yu *et* Liu，1982
分布：西藏（具体区域不详）。

7.2.2.9.4 西藏蠛蠓*Lasiohelea tibetana* Yu，sp. nov.
分布：山南市（错那县）。

7.2.2.10 细蠓属 *Leptoconops* Skuse，1889
同物异名：勒蠓属。

7.2.2.10.1 溪岸细蠓*Leptoconops riparius* Yu *et* Liu，1990
分布：日喀则市（定日县）。

7.2.2.10.2 西藏细蠓*Leptoconops tibetensis* Lee，1978
分布：拉萨市（当雄县）、日喀则市（定日县）。

7.2.2.11 单蠓属 *Monohelea* Kieffer，1917

7.2.2.11.1 中华单蠓*Monohelea sinica* Yu *et* Deng，sp. nov.

分布：日喀则市（聂拉木县）。

7.2.2.12 须蠓属 *Palpomyia* Meigen，1818

7.2.2.12.1 粗股须蠓*Palpomyia amplofemoria* Yu *et* Zhang，sp. nov.

分布：日喀则市（聂拉木县）。

7.2.2.12.2 剪短须蠓*Palpomyia curtatus* Yu *et* Deng，sp. nov.

分布：日喀则市（聂拉木县）。

7.2.2.12.3 暗翅须蠓*Palpomyia fumiptera* Yu *et* Zhang，sp. nov.

分布：日喀则市（聂拉木县）。

7.2.2.12.4 棕胫须蠓*Palpomyia fuscitibia* Yu *et* Deng，sp. nov.

分布：日喀则市（聂拉木县）。

7.2.2.12.5 淡足须蠓*Palpomyia pallidipeda* Yu *et* Liu，sp. nov.

分布：山南市（错那县）。

7.2.2.12.6 旋转须蠓*Palpomyia reversa* Remm，1972

分布：山南市（错那县）。

7.2.2.12.7 褐足须蠓*Palpomyia rufipes* Meigen，1818

分布：日喀则市（聂拉木县）。

7.2.2.12.8 西藏须蠓*Palpomyia xizanga* Yu *et* Liu，sp. nov.

分布：山南市（错那县）。

7.2.2.13 前蠓属 *Probezzia* Kieffer，1906

7.2.2.13.1 黄足前蠓*Probezzia flavipeda* Yu *et* Zhang，sp. nov.

分布：日喀则市（聂拉木县）。

7.2.2.14 柱蠓属 *Stilobezzia* Kieffer，1911

7.2.2.14.1 山谷柱蠓*Stilobezzia bessa* Yu *et* Zhang，sp. nov.

分布：日喀则市（聂拉木县）。

7.2.2.14.2 曲线柱蠓*Stilobezzia blaesospira* Yu *et* Deng，sp. nov.

分布：日喀则市（聂拉木县）。

7.2.2.14.3 柔囊柱蠓*Stilobezzia flaccisacca* Yu *et* Zhang，sp. nov.

分布：日喀则市（聂拉木县）。

7.2.2.14.4 长囊柱蠓*Stilobezzia longisacca* Yu *et* Deng，sp. nov.

分布：日喀则市（聂拉木县）。

7.2.3 蚊科Culicidae Stephens，1829

7.2.3.1 伊蚊属 *Aedes* Meigen，1818

7.2.3.1.1 侧白伊蚊*Aedes albolateralis* Theobald，1908

分布：林芝市（墨脱县）。

7.2.3.1.2 白纹伊蚊*Aedes albopictus* Skuse，1894

分布：林芝市（墨脱县、察隅县）。

7.2.3.1.3 白带伊蚊*Aedes albotaeniatus* Leicester，1904

分布：林芝市（墨脱县）。

7.2.3.1.4 圆斑伊蚊*Aedes annandalei* Theobald，1910

分布：林芝市（墨脱县）。

7.2.3.1.5 阿萨姆伊蚊*Aedes assanensis* Theobald，1908

分布：林芝市（墨脱县）。

7.2.3.1.6 异形伊蚊*Aedes dissimilis* Leicester，1908

分布：林芝市（墨脱县）。

7.2.3.1.7 棘刺伊蚊*Aedes elsiae* Barraud，1923

同物异名：爱氏伊蚊。

分布：林芝市（波密县）、日喀则市（聂拉木县）。

7.2.3.1.8 台湾伊蚊*Aedes formosensis* Yamada，1921

分布：林芝市（墨脱县）。

7.2.3.1.9 哈维伊蚊*Aedes harveyi* Barraud，1923

分布：林芝市（墨脱县）。

7.2.3.1.10 拉萨伊蚊*Aedes lasaensis* Meng，1962

分布：拉萨市（拉萨市）。

7.2.3.1.11 拉萨伊蚊吉隆亚种*Aedes lasaensis gyirongensis* Ma，1982

分布：日喀则市（吉隆县）。

7.2.3.1.12 窄翅伊蚊*Aedes lineatopennis* Ludlow，1905

分布：林芝市（墨脱县）。

7.2.3.1.13 乳点伊蚊*Aedes macfarlanei* Edwards，1914

分布：林芝市（墨脱县）。

7.2.3.1.14　马立伊蚊*Aedes malikuli* Huang，1973

分布：林芝市（墨脱县）。

7.2.3.1.15　那坡伊蚊*Aedes mubiensis* Luh *et* Shih，1958

分布：林芝市（墨脱县）。

7.2.3.1.16　新白雪伊蚊*Aedes novoniveus* Barraud，1934

同物异名．新雪伊蚊。

分布：林芝市（墨脱县）。

7.2.3.1.17　金叶伊蚊*Aedes oreophilus* Edwards，1916

分布：日喀则市（聂拉木县）。

7.2.3.1.18　伪白纹伊蚊*Aedes pseudalbopictus* Borel，1928

分布：林芝市（墨脱县）。

7.2.3.1.19　伪带纹伊蚊*Aedes pseudotaeniatus* Giles，1901

分布：林芝市（波密县）。

7.2.3.1.20　美腹伊蚊*Aedes pulchriventer* Giles，1901

分布：林芝市（波密县、墨脱县）、日喀则市（亚东县、聂拉木县）。

7.2.3.1.21　单棘伊蚊*Aedes shortti* Barraud，1923

分布：日喀则市（聂拉木县）、林芝市（察隅县）。

7.2.3.1.22　北部伊蚊*Aedes tonkinensis* Galliard *et* Ngu，1947

分布：日喀则市（聂拉木县）。

7.2.3.1.23　刺扰伊蚊*Aedes vexans* Meigen，1830

同物异名：骚扰伊蚊。

分布：林芝市（波密县、墨脱县、察隅县）、日喀则市（亚东县）。

7.2.3.1.24　沃氏伊蚊*Aedes whartoni* Mattingly，1965

分布：西藏（具体区域不详）。

7.2.3.2　按蚊属 *Anopheles* Meigen，1818

7.2.3.2.1　孟加拉按蚊*Anopheles bengalensis* Puri，1930

分布：林芝市（墨脱县）。

7.2.3.2.2　达罗毗按蚊*Anopheles dravidicus* Christophers，1924

分布：林芝市（墨脱县）。

7.2.3.2.3 巨型按蚊贝氏亚种*Anopheles gigas baileyi* Edwards，1929

分布：林芝市（林芝市、波密县、察隅县、墨脱县）、日喀则市（亚东县）。

7.2.3.2.4 巨型按蚊西姆拉亚种*Anopheles gigas simlensis* James，1911

分布：林芝市（波密县、察隅县）、日喀则市（亚东县）。

7.2.3.2.5 簇足按蚊*Anopheles interruptus* Puri，1929

分布：林芝市（墨脱县）。

7.2.3.2.6 杰普尔按蚊日月潭亚种*Anopheles jeyporiensis candidiensis* Koidzumi, 1924

分布：西藏（具体区域不详）。

7.2.3.2.7 可赫按蚊*Anopheles kochi* Donitz，1901

分布：林芝市（察隅县）。

7.2.3.2.8 林氏按蚊*Anopheles lindesayi* Giles，1900

分布：林芝市（林芝市、波密县）、日喀则市（聂拉木县）。

7.2.3.2.9 多斑按蚊*Anopheles maculatus* Theobald，1901

分布：林芝市（林芝市、察隅县、墨脱县）。

7.2.3.2.10 米塞按蚊*Anopheles messeae* Falleroni，1926

分布：林芝市（米林县）。

7.2.3.2.11 微小按蚊*Anopheles minimus* Theobald，1901

分布：西藏（具体区域不详）。

7.2.3.2.12 最黑按蚊*Anopheles nigerrimus* Giles，1900

同物异名：*Anopheles bentleyi* Bentley，1902、*Anopheles indiensis* Theobald，1901、*Anopheles venhuisi* Bonne-Wepster，1951、*Anopheles williamsoni* Baisas *et* Hu，1936、*Myzorhynchus minutus* Theobald，1903。

分布：林芝市（墨脱县）。

7.2.3.2.13 带足按蚊*Anopheles peditaeniatus* Leicester，1908

分布：林芝市（察隅县、墨脱县）。

7.2.3.2.14 伪威氏按蚊*Anopheles pseudowillmori* Theobald，1910

分布：林芝市（林芝市、墨脱县）。

7.2.3.2.15 类须喙按蚊*Anopheles sarbumbrosus* Strickland *et* Chowdhury, 1927

同物异名：须荫按蚊。

分布：林芝市（察隅县）。

7.2.3.2.16 塞沃按蚊*Anopheles sawadwongpormi* Rattanarithikul *et* Green, 1987

分布：林芝市（墨脱县）。

7.2.3.2.17 中华按蚊*Anopheles sinensis* Wiedemann，1828

分布：林芝市（察隅县、墨脱县）。

7.2.3.2.18 斯氏按蚊*Anopheles stephensi* Liston，1901

分布：林芝市（墨脱县）。

7.2.3.2.19 威氏按蚊*Anopheles willmori* James，1903

分布：林芝市（林芝市、墨脱县）。

7.2.3.3 **阿蚊属** *Armigeres* Theobald，1901

7.2.3.3.1 贝氏阿蚊*Armigeres baisasi* Stone *et* Thurman，1958

分布：林芝市（墨脱县）。

7.2.3.3.2 黄色阿蚊*Armigeres flavus* Leicester，1908

分布：林芝市（墨脱县）。

7.2.3.3.3 白斑阿蚊*Armigeres inchoatus* Barraud，1927

分布：林芝市（墨脱县）。

7.2.3.3.4 巨型阿蚊*Armigeres magnus* Theobald，1908

分布：林芝市（墨脱县）。

7.2.3.3.5 毛抱阿蚊*Armigeres seticoxitus* Luh *et* Li，1981

分布：林芝市（墨脱县）。

7.2.3.3.6 骚扰阿蚊*Armigeres subalbatus* Coquillett，1898

分布：拉萨市（拉萨市）、林芝市（察隅县、墨脱县）。

7.2.3.4 **库蚊属** *Culex* Linnaeus，1758

7.2.3.4.1 二带喙库蚊*Culex bitaeniorhynchus* Giles，1901

同物异名：麻翅库蚊

分布：林芝市（墨脱县）。

7.2.3.4.2 棕头库蚊*Culex fuscocephalus* Theobald，1907

分布：林芝市（察隅县、墨脱县）。

7.2.3.4.3 贪食库蚊*Culex halifaxia* Theobald，1903

分布：日喀则市（聂拉木县）、林芝市（察隅县）。

7.2.3.4.4 黄氏库蚊*Culex huangae* Meng，1958

分布：林芝市（察隅县）。

7.2.3.4.5 拟态库蚊*Culex mimeticus* Noe，1899

同物异名：斑翅库蚊。

分布：林芝市（波密县、墨脱县、察隅县）、日喀则市（亚东县）。

7.2.3.4.6 小拟态库蚊*Culex mimulus* Edwards，1915

同物异名：小斑翅库蚊。

分布：林芝市（墨脱县）、日喀则市（聂拉木县）。

7.2.3.4.7 凶小库蚊 *Culex modestus* Ficalbi，1889

分布：林芝市（察隅县）。

7.2.3.4.8 黑点库蚊*Culex nigropunctatus* Edwards，1926

分布：林芝市（墨脱县）。

7.2.3.4.9 冲绳库蚊*Culex okinawae* Bohart，1953

分布：日喀则市（聂拉木县）。

7.2.3.4.10 东方库蚊*Culex orientalis* Edwards，1921

分布：林芝市（墨脱县）。

7.2.3.4.11 淡色库蚊*Culex pallens* Coquillett，1898

分布：拉萨市（拉萨市）、林芝市（墨脱县、米林县）。

7.2.3.4.12 尖音库蚊*Culex pipiens* Linnaeus，1758

分布：拉萨市（拉萨市）。

7.2.3.4.13 尖音库蚊指名亚种*Culex pipiens pipiens* Linnaeus，1758

分布：拉萨市（拉萨市）。

7.2.3.4.14 伪杂鳞库蚊*Culex pseudovishnui* Colless，1957

分布：林芝市（察隅县、墨脱县）。

7.2.3.4.15 致倦库蚊*Culex quinquefasciatus* Say，1823

同物异名：致乏库蚊*Culex fatigans* Wiedemann，1828。

分布：拉萨市（拉萨市）、林芝市（墨脱县、米林县、波密县、察隅县）。

7.2.3.4.16　薛氏库蚊*Culex shebbearei* Barraud，1924

同物异名：白顶库蚊。

分布：林芝市（波密县、察隅县、墨脱县）、日喀则市（聂拉木县）。

7.2.3.4.17　细须库蚊*Culex tenuipalpis* Barraud，1924

分布：西藏（具体区域不详）。

7.2.3.4.18　三带喙库蚊*Culex tritaeniorhynchus* Giles，1901

分布：日喀则市（聂拉木县）、林芝市（墨脱县）。

7.2.3.4.19　迷走库蚊*Culex vagans* Wiedemann，1828

分布：林芝市（波密县）、日喀则市（亚东县）。

7.2.3.4.20　白霜库蚊*Culex whitmorei* Giles，1904

同物异名：惠氏库蚊、霜背库蚊。

分布：林芝市（墨脱县）。

7.2.3.5　脉毛蚊属 *Culiseta* Felt，1904

7.2.3.5.1　银带脉毛蚊*Culiseta niveitaeniata* Theobald，1907

分布：日喀则市（聂拉木县、亚东县）、林芝市（米林县）。

7.2.3.6　领蚊属 *Heizmannia* Ludlow，1905

7.2.3.6.1　异刺领蚊*Heizmannia heterospina* Gong *et* Lu，1986

分布：林芝市（墨脱县）。

7.2.3.6.2　线喙领蚊*Heizmannia macdonaldi* Mattingly，1957

分布：林芝市（墨脱县）。

7.2.3.6.3　多栉领蚊*Heizmannia reidi* Mattingly，1957

分布：林芝市（墨脱县）。

7.2.3.7　钩蚊属 *Malaya* Leicester，1908

7.2.3.7.1　肘喙钩蚊*Malaya genurostris* Leicester，1908

分布：林芝市（墨脱县）。

7.2.3.8　曼蚊属 *Manssonia* Blanchard，1901

7.2.3.8.1　常型曼蚊*Manssonia uniformis* Theobald，1901

分布：林芝市（察隅县）。

7.2.3.9 小蚊属 *Mimomyia* Theobald，1903

7.2.3.9.1 吕宋小蚊*Mimomyia luzonensis* Ludlow，1905
分布：林芝市（墨脱县）。

7.2.3.10 直脚蚊属 *Orthopodomyia* Theobald，1904

7.2.3.10.1 类按直脚蚊*Orthopodomyia anopheloides* Giles，1903
分布：林芝市（墨脱县）。

7.2.3.11 大蚊属 *Tipula* Theobald，1903

7.2.3.11.1 易贡大蚊（未命名种）*Tipula yigongensis*，Yang，Pan & Yang，2019
分布：林芝市（波密县）。

7.2.3.12 局限蚊属 *Topomyia* Leicester，1908

7.2.3.12.1 丛鬃局限蚊*Topomyia hirtusa* Gong，1989
分布：林芝市（墨脱县）。

7.2.3.12.2 胡氏局限蚊*Topomyia houghtoni* Feng，1941
分布：林芝市（墨脱县）。

7.2.3.12.3 张氏局限蚊*Topomyia zhangi* Gong，1991
分布：林芝市（墨脱县）。

7.2.3.13 巨蚊属 *Toxorhynchites* Theobald，1901

7.2.3.13.1 紫腹巨蚊*Toxorhynchites gravely* Edwards，1921
分布：林芝市（墨脱县）。

7.2.3.14 杵蚊属 *Tripteroides* Giles，1904

7.2.3.14.1 蛛形杵蚊*Tripteroides aranoides* Theobald，1901
分布：林芝市（墨脱县）。

7.2.3.14.2 似同杵蚊*Tripteroides similis* Leicester，1908
分布：林芝市（墨脱县）。

7.2.3.15 尤蚊属 *Udaya* Thurman，1954

7.2.3.15.1 银尾尤蚊*Udaya argyrurus* Edwards，1934
分布：林芝市（墨脱县）。

7.2.3.16 蓝带蚊属 *Uranotaenia* Lynch Arribalzaga，1891

7.2.3.16.1 双色蓝带蚊*Uranotaenia bicolor* Leicester，1908
分布：林芝市（墨脱县）。

7.2.3.16.2 白胸蓝带蚊*Uranotaenia nivipleura* Leicester，1908

分布：林芝市（察隅县）。

7.2.3.16.3 新湖蓝带蚊*Uranotaenia novobscura* Barraud，1934

分布：西藏（具体区域不详）。

7.2.4 **胃蝇科**Gasterophilidae Bezzi *et* Stein，1907

7.2.4.1 **胃蝇属** *Gasterophilus* Leach，1817

7.2.4.1.1 红尾胃蝇（蛆）*Gasterophilus haemorrhoidalis* Linnaeus，1758

宿主、部位、分布：马；胃；昌都市（昌都市、江达县、贡觉县、左贡县、芒康县、八宿县、洛隆县、边坝县、丁青县、类乌齐县、察雅县）。

宿主、部位、分布：驴；胃；昌都市（昌都市、江达县、贡觉县、左贡县、芒康县、八宿县、洛隆县、边坝县、丁青县、类乌齐县、察雅县）。

宿主、部位、分布：骡；胃；昌都市（昌都市、江达县、贡觉县、左贡县、芒康县、八宿县、洛隆县、边坝县、丁青县、类乌齐县、察雅县）。

7.2.4.1.2 肠胃蝇（蛆）*Gasterophilus intestinalis* De Geer，1776

宿主、部位、分布：马；胃；拉萨市（林周县）。

宿主、部位、分布：驴；胃；昌都市（昌都市、江达县、贡觉县、左贡县、芒康县、八宿县、洛隆县、边坝县、丁青县、类乌齐县、察雅县）。

宿主、部位、分布：骡；胃；昌都市（昌都市、江达县、贡觉县、左贡县、芒康县、八宿县、洛隆县、边坝县、丁青县、类乌齐县、察雅县）。

7.2.4.1.3 黑腹胃蝇（蛆）*Gasterophilus pecorum* Fabricius，1794

同物异名：兽胃蝇。

宿主、部位、分布：马；胃；拉萨市（林周县）、那曲市（申扎县）、昌都市（昌都市、江达县、贡觉县、左贡县、芒康县、八宿县、洛隆县、边坝县、丁青县、类乌齐县、察雅县）。

宿主、部位、分布：驴；胃；昌都市（昌都市、江达县、贡觉县、左贡县、芒康县、八宿县、洛隆县、边坝县、丁青县、类乌齐县、察雅县）。

宿主、部位、分布：骡；胃；昌都市（昌都市、江达县、贡觉县、左贡县、芒康县、八宿县、洛隆县、边坝县、丁青县、类乌齐县、察雅县）。

7.2.4.1.4　烦扰胃蝇（蛆）*Gasterophilus veterinus* Clark，1797

宿主、部位、分布：马；胃；拉萨市（林周县）、昌都市（昌都市、江达县、贡觉县、左贡县、芒康县、八宿县、洛隆县、边坝县、丁青县、类乌齐县、察雅县）。

宿主、部位、分布：驴；胃；昌都市（昌都市、江达县、贡觉县、左贡县、芒康县、八宿县、洛隆县、边坝县、丁青县、类乌齐县、察雅县）。

宿主、部位、分布：骡；胃；拉萨市（林周县）、昌都市（昌都市、江达县、贡觉县、左贡县、芒康县、八宿县、洛隆县、边坝县、丁青县、类乌齐县、察雅县）。

7.2.5　虱蝇科Hippoboscidae Linne，1761

7.2.5.1　蜱蝇属 *Melophagus* Latreille，1802

7.2.5.1.1　羊蜱蝇*Melophagus ovinus* Linnaeus，1758

宿主、部位、分布：绵羊；体表；拉萨市（当雄县、林周县）、日喀则市（康马县、亚东县、岗巴县、江孜县）、昌都市（昌都市、江达县、贡觉县、左贡县、芒康县、八宿县、洛隆县、边坝县、丁青县、类乌齐县、察雅县）、那曲市（申扎县）、林芝市（巴宜区）。

宿主、部位、分布：山羊；体表；拉萨市（林周县）、日喀则市（康马县）、那曲市（申扎县）。

7.2.6　皮蝇科Hypodermatidae（Rondani，1856）Townsend，1916

7.2.6.1　皮蝇属 *Hypoderma* Latreille，1818

7.2.6.1.1　牛皮蝇（蛆）*Hypoderma bovis* De Geer，1776

宿主、部位、分布：牦牛；皮下；拉萨市（当雄县、林周县）、那曲市（申扎县）、日喀则市（江孜县）、林芝市（鲁朗区、巴宜区、米林县）、昌都市（昌都市、江达县、贡觉县、左贡县、芒康县、八宿县、洛隆县、边坝县、丁青县、类乌齐县、察雅县）。

宿主、部位、分布：黄牛；皮下；拉萨市（林周县）、昌都市（昌都市、江达县、贡觉县、左贡县、芒康县、八宿县、洛隆县、边坝县、丁青县、类乌齐县、察雅县）。

宿主、部位、分布：獐子；皮下；昌都市（昌都市、江达县、贡觉县、左贡县、芒康县、八宿县、洛隆县、边坝县、丁青县、类乌齐县、察雅县）。

7.2.6.1.2 纹皮蝇（蛆）*Hypoderma lineatum* De Villers，1789

宿主、部位、分布：牦牛；皮下；昌都市（昌都市、江达县、贡觉县、左贡县、芒康县、八宿县、洛隆县、边坝县、丁青县、类乌齐县、察雅县）。

宿主、部位、分布：黄牛；皮下；昌都市（昌都市、江达县、贡觉县、左贡县、芒康县、八宿县、洛隆县、边坝县、丁青县、类乌齐县、察雅县）。

宿主、部位、分布：獐子；皮下；昌都市（昌都市、江达县、贡觉县、左贡县、芒康县、八宿县、洛隆县、边坝县、丁青县、类乌齐县、察雅县）。

7.2.6.1.3 中华皮蝇（蛆）*Hypoderma sinense* Pleske，1926

宿主、部位、分布：牦牛；皮下；拉萨市（当雄县）。

7.2.6.1.4 藏羚羊皮蝇（蛆）*Hypoderma* sp.

宿主、部位、分布：藏羚羊；皮下；可可西里。

7.2.7 蝇科Muscidae Latreille，1802

7.2.7.1 毛蝇属 *Dasyphora* Robineau-Desvoidy，1830

7.2.7.1.1 会理毛蝇*Dasyphora huiliensis* Ni，1982

分布：西藏（具体区域不详）。

7.2.7.1.2 拟变色毛蝇*Dasyphora paraversicolor* Zimin，1951

分布：西藏（具体区域不详）。

7.2.7.2 厕蝇属 *Fannia* Robineau-Desvoidy，1830

7.2.7.2.1 夏厕蝇*Fannia canicularis* Linnaeus，1761

分布：西藏（具体区域不详）。

7.2.7.2.2 毛踝厕蝇*Fannia manicata* Meigen，1826

分布：西藏（具体区域不详）。

7.2.7.3 齿股蝇属 *Hydrotaea* Robineau-Desvoidy，1830

7.2.7.3.1 常齿股蝇*Hydrotaea dentipes* Fabricius，1805

分布：西藏（具体区域不详）。

7.2.7.4 家蝇属 *Musca* Linnaeus，1758

7.2.7.4.1 北栖家蝇*Musca bezzii* Patton *et* Cragg，1913
分布：西藏（具体区域不详）。

7.2.7.4.2 逐畜家蝇*Musca conducens* Walker，1859
分布：西藏（具体区域不详）。

7.2.7.4.3 黑边家蝇*Musca hervei* Villeneuve，1922
分布：西藏（具体区域不详）。

7.2.7.4.4 毛提家蝇*Musca pilifacies* Emden，1965
分布：西藏（具体区域不详）。

7.2.7.5 腐蝇属 *Muscina* Robineau-Desvoidy，1830

7.2.7.5.1 厩腐蝇*Muscina stabulans* Fallen，1817
分布：西藏（具体区域不详）。

7.2.7.6 翠蝇属 *Orthellia* Robineau-Desvoidy，1863

7.2.7.6.1 绿翠蝇*Orthellia caesarion* Meigen，1826
分布：西藏（具体区域不详）。

7.2.7.6.2 紫翠蝇*Orthellia chalybea* Wiedemann，1830

7.2.7.7 碧蝇属 *Pyrellia* Robineau-Desvoidy，1830

7.2.7.7.1 马粪碧蝇*Pyrellia cadaverina* Linnaeus，1758
分布：西藏（具体区域不详）。

7.2.8 狂蝇科Oestridae Leach，1856

7.2.8.1 狂蝇属 *Oestrus* Linnaeus，1758

7.2.8.1.1 羊狂蝇（蛆）*Oestrus ovis*，Linnaeus，1758，幼虫

宿主、部位、分布：绵羊；鼻腔；拉萨市（林周县）、日喀则市（康马县、亚东县）、山南市（乃东区）、昌都市（昌都市、江达县、贡觉县、左贡县、芒康县、八宿县、洛隆县、边坝县、丁青县、类乌齐县、察雅县）。

宿主、部位、分布：山羊；鼻腔；拉萨市（林周县）、日喀则市（康马县）、山南市（乃东区）、昌都市（昌都市、江达县、贡觉县、左贡县、芒康县、八宿县、洛隆县、边坝县、丁青县、类乌齐县、察雅县）。

7.2.9 毛蛉科 Psychodidae Bigot，1854

7.2.9.1 白蛉属 *Phlebotomus* Rondani *et* Berte，1840

7.2.9.1.1 四川白蛉 *Phlebotomus sichuanensis* Leng *et* Lewis，1987

分布：西藏（具体区域不详）。

7.2.10 麻蝇科Sarcophagidae Macquart，1834

7.2.10.1 粪麻蝇属 *Bercaea* Robineau-Desvoidy，1863

7.2.10.1.1 红尾粪麻蝇（蛆）*Bercaea haemorrhoidalis* Fallen，1816

分布：西藏（具体区域不详）。

7.2.10.2 别麻蝇属 *Boettcherisca* Rohdendorf，1937

7.2.10.2.1 赭尾别麻蝇（蛆）*Boettcherisca peregrina* Robineau-Desvoidy，1830

同物异名：赭尾麻蝇*Sarcophaga peregrina* Robineau-Desvoidy，1830、褐尾麻蝇*Sarcophaga fuscicauda* Böttcher，1912。

分布：西藏（具体区域不详）。

7.2.10.3 亚麻蝇属 *Parasarcophaga* Johnston *et* Tiegs，1921

7.2.10.3.1 蝗尸亚麻蝇*Parasarcophaga jacobsoni* Rohdendorf，1937

分布：西藏（具体区域不详）。

7.2.10.3.2 巨耳亚麻蝇*Parasarcophaga macroauriculata* Ho，1932

分布：西藏（具体区域不详）。

7.2.10.3.3 急钓亚麻蝇*Parasarcophaga portschinskyi* Rohdendorf，1937

7.2.10.4 麻蝇属 *Sarcophaga* Meigen，1826

7.2.10.4.1 白头麻蝇（蛆）*Sarcophaga albiceps* Meigen，1826

分布：西藏（具体区域不详）。

7.2.10.4.2 肥须麻蝇（蛆）*Sarcophaga crassipalpis* Macquart，1839

分布：西藏（具体区域不详）。

7.2.10.4.3 纳氏麻蝇（蛆）*Sarcophaga knabi* Parker，1917

同物异名：褐须亚麻蝇*Parasarcophaga sericea* Walker，1852。

分布：西藏（具体区域不详）。

7.2.11 蚋科Simulidae Latreille，1802

7.2.11.1 蚋属 *Simulium* Latreille，1802

7.2.11.1.1 窄足真蚋*Simulium angustipes* Edwards，1915
分布：林芝市（察隅县）。

7.2.11.1.2 阿里克维蚋*Simulium arakawae* Matsumura，1921
分布：林芝市（察隅县）。

7.2.11.1.3 黄毛纺蚋*Simulium aureohirtum* Brunetti，1911
分布：林芝市（察隅县）。

7.2.11.1.4 包氏蚋*Simulium barraudi* Puri，1932
分布：林芝市（察隅县）。

7.2.11.1.5 成双欧蚋*Simulium biseriatum* Rubtsov，1940
分布：林芝市（察隅县）。

7.2.11.1.6 卡姆隆蚋*Simulium chamlongi* Takaoka *et* Suzuki，1984
分布：林芝市（察隅县）。

7.2.11.1.7 克氏蚋*Simulium christophersi* Puri，1932
分布：林芝市（察隅县）、日喀则市（亚东县）。

7.2.11.1.8 凹端真蚋*Simulium concavustylum* Deng，Zhang *et* Chen，1995
分布：林芝市。

7.2.11.1.9 细齿蚋*Simulium dentatum* Puri，1932
分布：林芝市（察隅县）。

7.2.11.1.10 沙特蚋*Simulium desertorum* Rubtsov，1938
分布：林芝市（察隅县）。

7.2.11.1.11 地记蚋*Simulium digitatum* Puri，1932
分布：林芝市（察隅县）。

7.2.11.1.12 黄色逊蚋*Simulium favoantennatum* Rubtsov，1940
分布：林芝市（察隅县）。

7.2.11.1.13 库姆真蚋*Simulium ghoomense* Datta，1975
分布：日喀则市（亚东县）。

7.2.11.1.14 纤细纺蚋*Simulium gracilis* Datta，1973
分布：林芝市（察隅县）。

7.2.11.1.15　格拉蚋*Simulium gravelyi* Puri，1933
分布：林芝市（察隅县）。

7.2.11.1.16　灰额蚋*Simulium griseifrons* Brunetti，1911
分布：林芝市（察隅县）。

7.2.11.1.17　汉彬蚋，新种*Simulium hanbini* sp. nov.
分布：林芝市（察隅县）。

7.2.11.1.18　喜马拉雅蚋*Simulium himalayense* Puri，1932
分布：林芝市（察隅县）。

7.2.11.1.19　粗毛蚋*Simulium hirtipannus* Puri，1932
分布：林芝市（察隅县）。

7.2.11.1.20　赫氏蚋*Simulium howlwtti* Puri，1932
分布：林芝市（察隅县）。

7.2.11.1.21　印度蚋*Simulium indiucum* Becher，1885
分布：林芝市（察隅县）。

7.2.11.1.22　日本蚋*Simulium japonicum* Matsumura，1931
分布：林芝市（察隅县）。

7.2.11.1.23　清溪山蚋*Simulium kirgisorum* Rubtsov，1956
分布：林芝市。

7.2.11.1.24　林芝真蚋*Simulium lingziense* Deng，Zhang *et* Chen，1995
分布：林芝市。

7.2.11.1.25　中柱蚋*Simulium mediaxisus* An，Guo *et* Xu，1995
分布：日喀则市（亚东县）。

7.2.11.1.26　线丝山蚋*Simulium nemorivagum* Datta，1973
分布：日喀则市（亚东县）。

7.2.11.1.27　黑颜蚋*Simulium nigrifacies* Datta，1974
分布：林芝市（察隅县）。

7.2.11.1.28　亮胸蚋*Simulium nitidithorax* Puri，1932
分布：日喀则市（亚东县）。

7.2.11.1.29　节蚋*Simulium nodosum* Puri，1933
分布：林芝市（察隅县）。

7.2.11.1.30 新纤细纺蚋*Simulium novigracilis* Deng，Zhang *et* Xue，1996
分布：日喀则市（亚东县）。

7.2.11.1.31 淡股蚋*Simulium pallidofemur* Deng，Zhang *et* Xue，1994
分布：林芝市（察隅县）。

7.2.11.1.32 宽头纺蚋*Simulium praelargum* Datta，1973
分布：林芝市（察隅县）。

7.2.11.1.33 普拉蚋*Simulium pulanotum* An，Guo *et* Xu，1995
分布：日喀则市（亚东县）。

7.2.11.1.34 朴氏纺蚋*Simulium purii* Datta，1973
分布：林芝市（巴宜区、察隅县）、日喀则市（亚东县）。

7.2.11.1.35 五条蚋*Simulium quinquestriatum* Shiraki，1935
分布：林芝市（察隅县）。

7.2.11.1.36 红足蚋*Simulium rufibasis* Brunetti，1911
分布：林芝市（巴宜区、察隅县、米林县）、日喀则市（亚东县）。

7.2.11.1.37 裂缘真蚋*Simulium schizolomum* Deng，Zhang *et* Chen，1995
分布：林芝市。

7.2.11.1.38 西藏真蚋*Simulium tibetense* An *et al*，1990
分布：林芝市（巴宜区、察隅县）。

7.2.11.1.39 角突蚋*Simulium triangustum* An，Guo *et* Xu，1995
分布：日喀则市（亚东县）。

7.2.11.1.40 西藏绳蚋*Simulium xizangense* An，Zhang *et* Deng，1990
分布：林芝市（察隅县）。

7.2.11.1.41 亚东蚋*Simulium yadongense* Deng *et* Chen，1993
分布：日喀则市（亚东县）。

7.2.11.1.42 察隅绳蚋*Simulium zayuense* An，Zhang *et* Deng，1990
分布：林芝市（察隅县）。

7.2.12 虻科Tabanidae Leach，1819

7.2.12.1 斑虻属 *Chrysops* Meigen，1803

7.2.12.1.1 黄带斑虻*Chrysops flavocinctus* Ricardo，1902
分布：林芝市（察隅县）。

7.2.12.1.2 插入斑虻*Chrysops intercalatus* Wang & Xu，1988

分布：林芝市（墨脱县）。

7.2.12.1.3 副三角斑虻*Chrysops paradesignata* Liu *et* Wang，1977

分布：林芝市（察隅县）。

7.2.12.1.4 宽条斑虻*Chrysops semiignitus* Kröber，1930

分布：昌都市（江达县、察雅县）。

7.2.12.1.5 林脸斑虻*Chrysops silvifacies* Philip，1963

分布：林芝市（墨脱县）。

7.2.12.2 **麻虻属** *Haematopota* Meigen，1803

7.2.12.2.1 芒康麻虻*Haematopota mangkamensis* Wang，1982

分布：昌都市（芒康县）。

7.2.12.2.2 尼泊尔麻虻*Haematopota nepalensis* Stone *et* Philip，1974

分布：日喀则市（聂拉木县）。

7.2.12.2.3 黑角麻虻*Haematopota nigriantenna* Wang，1982

分布：山南市（隆子县）、林芝市（波密县、波密县通麦、波密县易贡、察隅县）。

7.2.12.2.4 菲氏麻虻*Haematopota philipi* Chvála，1969

分布：日喀则市（聂拉木县）。

7.2.12.2.5 低额麻虻*Haematopota ustulata* Kröber，1933

分布：昌都市（察雅县）、林芝市（工布江达县）。

7.2.12.3 **瘤虻属** *Hybomitra* Enderlein，1922

7.2.12.3.1 黑须瘤虻*Hybomitra atripalpis* Wang，1992

分布：日喀则市（吉隆县）。

7.2.12.3.2 乌腹瘤虻*Hybomitra atritergita* Wang，1981

分布：西藏（具体区域不详）。

7.2.12.3.3 波拉瘤虻*Hybomitra branta* Wang，1982

分布：昌都市（芒康县）。

7.2.12.3.4 牦牛瘤虻*Hybomitra bulongicauda* Liu *et* Xu，1990

分布：山南市（错那县、隆子县、曲松县、琼结县、措美县)。

7.2.12.3.5 陈塘瘤虻*Hybomitra chentangensis* Zhu *et* Xu，1995

分布：日喀则市（定结县）。

7.2.12.3.6　克氏瘤虻*Hybomitra chválai* Xu *et* Zhang，1990
分布：日喀则市（聂拉木县、亚东县）。

7.2.12.3.7　科氏瘤虻*Hybomitra coheri* Xu *et* Zhang，1990
分布：日喀则市（聂拉木县）。

7.2.12.3.8　膨条瘤虻*Hybomitra expollicata* Pandelle，1883
分布：昌都市（察雅县）。

7.2.12.3.9　黄带瘤虻*Hybomitra fulvotaenia* Wang，1982
分布：昌都市（察雅县）。

7.2.12.3.10　棕斑瘤虻*Hybomitra fuscomaculata* Wang，1985
分布：昌都市（芒康县、江达县）。

7.2.12.3.11　小黑瘤虻*Hybomitra hsiaohei* Wang，1983
分布：山南市（曲松县）。

7.2.12.3.12　驼瘤瘤虻*Hybomitra lamades* Philip，1961
分布：日喀则市（亚东县）。

7.2.12.3.13　拉萨瘤虻*Hybomitra lhasaensis* Wang，1982
分布：拉萨市（拉萨市）。

7.2.12.3.14　隆子瘤虻*Hybomitra longziensis* Xu，1995
分布：山南市（隆子县）。

7.2.12.3.15　里氏瘤虻*Hybomitra lyneborgi* Chvála，1969
分布：日喀则市（聂拉木县、亚东县）。

7.2.12.3.16　白缘瘤虻*Hybomitra marginialba* Liu *et* Yao，1981
分布：昌都市（芒康县）。

7.2.12.3.17　蜂形瘤虻*Hybomitra mimapis* Wang，1981
分布：昌都市（芒康县）。

7.2.12.3.18　莫氏瘤虻*Hybomitra mouchai* Chvála，1969
分布：日喀则市（聂拉木县、定结县）。

7.2.12.3.19　铃胛瘤虻*Hybomitra nola* Philip，1961
分布：昌都市（芒康县、察雅县）。

7.2.12.3.20　林芝瘤虻*Hybomitra nyingchiensis* Zhang *et* Xu，1993
分布：林芝市（巴宜区、米林县）。

7.2.12.3.21　黄茸瘤虻*Hybomitra robiginosa* Wang，1982

分布：林芝市（工布江达县）、昌都市（芒康县、察雅县）。

7.2.12.3.22　圆腹瘤虻*Hybomitra rotundabdominis* Wang，1982

分布：昌都市（江达县）。

7.2.12.3.23　西藏瘤虻*Hybomitra tibetana* Szilády，1926

分布：日喀则市（亚东县）。

7.2.12.3.24　姚建瘤虻*Hybomitra yaojiani* Sun *et* Xu，2007

分布：林芝市（墨脱县）。

7.2.12.3.25　察隅瘤虻*Hybomitra zayuensis* Sun *et* Xu，2007

分布：林芝市（察隅县）。

7.2.12.3.26　张氏瘤虻*Hybomitra zhangi* Xu，1995

分布：山南市（错那县）。

7.2.12.4　**多节虻属** *Pangonius* Latreille，1802

7.2.12.4.1　长喙多节虻*Pangonius longirostris* Hardwicke，1823

分布：西藏（具体区域不详）。

7.2.12.5　**长喙虻属** *Philoliche* Wiedemann，1828

7.2.12.5.1　长喙长喙虻*Philoliche longirostris* Hardwiche，1823

分布：日喀则市（聂拉木县、吉隆县）。

7.2.12.6　**虻属** *Tabanus* Linnaeus，1758

同物异名：原虻属。

7.2.12.6.1　窄带虻*Tabanus arctus* Wang，1982

分布：林芝市（墨脱县）。

7.2.12.6.2　拟金毛虻*Tabanus aurepiloides* Xu *et* Deng，1990

分布：日喀则市（聂拉木县）。

7.2.12.6.3　金毛虻*Tabanus aurepilus* Wang，1994

分布：林芝市（墨脱县）。

7.2.12.6.4　丽毛虻地东亚种*Tabanus aurisetosus didongensis* Wang *et* Xu，1988

分布：林芝市（墨脱县）。

7.2.12.6.5　暗黑虻*Tabanus beneficus* Wang，1982

分布：林芝市（波密县）。

7.2.12.6.6 陈塘虻*Tabanus chentangensis* Zhu *et* Xu，1995
分布：日喀则市（定结县）。

7.2.12.6.7 中赤虻*Tabanus fulvimedius* Walker，1848
分布：林芝市（察隅县）。

7.2.12.6.8 拟矮小虻*Tabanus humiloides* Xu，1980
分布：林芝市（察隅县）。

7.2.12.6.9 卡布虻*Tabanus kabuensis* Yao，1984
分布：林芝市（墨脱县）。

7.2.12.6.10 光滑虻*Tabanus laevigatus* Szilády，1926
分布：林芝市（察隅县）。

7.2.12.6.11 曼涅浦虻*Tabanus manipurensis* Ricardo，1913
分布：林芝市（墨脱县）。

7.2.12.6.12 墨脱虻*Tabanus motuoensis* Yao *et* Liu，1983
分布：林芝市（墨脱县）。

7.2.12.6.13 黑腹虻*Tabanus nigrabdominis* Wang，1982
分布：林芝市（墨脱县）。

7.2.12.6.14 棕胸虻*Tabanus orphnos* Wang，1982
分布：林芝市（墨脱县）。

7.2.12.6.15 副金黄虻*Tabanus parachrysater* Yao，1984
分布：林芝市（墨脱县）。

7.2.12.6.16 副微赤虻*Tabanus pararubidus* Yao *et* Liu，1983
分布：林芝市（墨脱县、波密县）。

7.2.12.6.17 朋曲虻*Tabanus pengquensis* Zhu *et* Xu，1995
分布：日喀则市（定结县）。

7.2.12.6.18 前黄腹虻*Tabanus prefulventer* Wang，1985
分布：林芝市（察隅县）。

7.2.12.6.19 暗斑虻*Tabanus pullomaculatus* Philip，1970
分布：林芝市（墨脱县）。

7.2.12.6.20 拟棕体虻*Tabanus russatoides* Xu *et* Deng，1990
分布：日喀则市（聂拉木县）。

7.2.12.6.21 棕体虻*Tabanus russatus* Wang，1982
分布：林芝市（墨脱县）。

7.2.12.6.22 稳定虻*Tabanus stabilis* Wang，1982
分布：林芝市（波密县）。

7.2.12.6.23 断纹虻*Tabanus striatus* Fabricius，1787
分布：林芝市（墨脱县）。

7.2.12.6.24 亚暗斑虻*Tabanus subpullomaculatus* Xu *et* Zhang，1990
分布：林芝市（察隅县、墨脱县）。

7.2.12.6.25 亚棕体虻*Tabanus subrussatus* Wang，1982
分布：林芝市（墨脱县）。

7.2.12.6.26 铁生虻*Tabanus tieshengi* Xu *et* Sun，2007
分布：林芝市（墨脱县）。

7.2.12.6.27 威宁虻*Tabanus weiningensis* Xu，Xu *et* Sun，2008
分布：昌都市（察雅县）。

7.2.12.6.28 黄腹虻*Tabanus xanthos* Wang，1982
分布：林芝市（墨脱县）。

7.2.12.6.29 亚东虻*Tabanus yadongensis* Xu *et* Sun，2007
分布：日喀则市（亚东县）。

7.2.12.6.30 察雅虻*Tabanus zayaensis* Xu *et* Sun，2007
分布：昌都市（察雅县）。

7.2.12.6.31 察隅虻*Tabanus zayuensis* Wang，1982
分布：林芝市（察隅县）。

7.3 食毛目Mallophaga Nitzsch，1818

7.3.1 毛虱科Trichodectidae Kellogg，1896

7.3.1.1 毛虱属 *Bovicola* Ewing，1929

7.3.1.1.1 牛毛虱*Bovicola bovis* Linnaeus，1758
宿主、部位、分布：黄牛；体表；拉萨市（林周县）。

7.3.1.1.2　山羊毛虱*Bovicola caprae* Gurlt，1843

宿主、部位、分布：绵羊；体表；拉萨市（当雄县）。

宿主、部位、分布：山羊；体表；拉萨市（当雄县、林周县）、日喀则市（江孜县）、山南市（乃东区）、那曲市（申扎县）。

7.3.1.1.3　绵羊毛虱*Bovicola ovis* Schrank，1781

宿主、部位、分布：绵羊；体表；昌都市（昌都市、八宿县）。

7.4　蚤目Siphonaptera Latreille，1825

7.4.1　角叶蚤科Ceratophyllidae Dampf，1908

7.4.1.1　倍蚤属 *Amphalius* Jordan，1933

7.4.1.1.1　哗倍蚤指名亚种*Amphalius clarus clarus* Jordan *et* Rothschild，1922

宿主、部位、分布：藏鼠兔；体表；那曲市、日喀则市（昂仁县、亚东县）、昌都市（芒康县）、山南市（隆子县）、阿里地区（噶尔县）。

宿主、部位、分布：大耳鼠兔；体表；那曲市、日喀则市（昂仁县、亚东县）、昌都市（芒康县）、山南市（隆子县）、阿里地区（噶尔县）。

宿主、部位、分布：黑唇鼠兔；体表；那曲市、日喀则市（昂仁县、亚东县）、昌都市（芒康县）、山南市（隆子县）、阿里地区（噶尔县）。

宿主、部位、分布：藏仓鼠；体表；那曲市、日喀则市（昂仁县、亚东县）、昌都市（芒康县）、山南市（隆子县）、阿里地区（噶尔县）。

宿主、部位、分布：社鼠；体表；那曲市、日喀则市（昂仁县、亚东县）、昌都市（芒康县）、山南市（隆子县）、阿里地区（噶尔县）。

宿主、部位、分布：白尾松田鼠；体表；那曲市、日喀则市（昂仁县、亚东县）、昌都市（芒康县）、山南市（隆子县）、阿里地区（噶尔县）。

7.4.1.1.2　哗倍蚤昆仑亚种*Amphalius clarus kunlunensis* Yu *et* Wang，1981

宿主、部位、分布：拉达克鼠兔；体表；阿里地区（日土县、噶尔县、普兰县）。

7.4.1.1.3 卷带倍蚤指名亚种*Amphalius spirataenius spirataenius* Liu，Wu *et* Wu，1966

宿主、部位、分布：大耳鼠兔；体表；日喀则市（亚东县）、昌都市（江孜县、芒康县）、山南市（隆子县）。

宿主、部位、分布：藏仓鼠；体表；日喀则市（亚东县）、昌都市（江孜县、芒康县）、山南市（隆子县）。

宿主、部位、分布：藏鼠兔；体表；日喀则市（亚东县）、昌都市（江孜县、芒康县）、山南市（隆子县）。

7.4.1.2 **缩栉蚤属** *Brevictenidia* Liu *et* Li，1965

7.4.1.2.1 西藏缩栉蚤*Brevictenidia xizangensis* Gao *et* Ma，1991

宿主、部位、分布：大耳鼠兔；体表；那曲市（比如县）。

7.4.1.3 **盖蚤属** *Callopsylla* Wagner，1934

7.4.1.3.1 弧形盖蚤*Callopsylla arcuata* Ge，Wang *et* Ma，1988

宿主、部位、分布：锡金小鼠、社鼠；体表；日喀则市（亚东县）。

7.4.1.3.2 昌都盖蚤*Callopsylla changduensis* Liu，Wu *et* Wu，1966

宿主、部位、分布：黑唇鼠兔；体表；昌都市。

宿主、部位、分布：大耳鼠兔；体表；昌都市。

宿主、部位、分布：社鼠；体表；昌都市。

宿主、部位、分布：喜马拉雅旱獭；体表；昌都市。

宿主、部位、分布：达乌尔黄鼠；体表；昌都市（八宿县、类乌齐县）。

7.4.1.3.3 斧形盖蚤*Callopsylla dolabris* Jordan *et* Rothschild，1911

宿主、部位、分布：喜马拉雅旱獭；体表；拉萨市（尼木县）、昌都市（丁青县、察雅县）、日喀则市（昂仁县、亚东县、仲巴县）、那曲市（安多县）。

宿主、部位、分布：香鼬；体表；昌都市（丁青县、察雅县）、那曲市、日喀则市（昂仁县、亚东县）。

宿主、部位、分布：狐；体表；昌都市（丁青县、察雅县）、那曲市、日喀则市（昂仁县、亚东县）。

宿主、部位、分布：犬；体表；昌都市（丁青县、察雅县）、那曲市、日喀则市（昂仁县、亚东县）。

7.4.1.3.4　端圆盖蚤*Callopsylla kozlovi* Wagner，1929

宿主、部位、分布：白腹鼠；体表；林芝市（波密县）。

宿主、部位、分布：仓鼠；体表；林芝市（波密县）、山南市（加查县）。

宿主、部位、分布：黑唇鼠兔；体表；林芝市（波密县）。

宿主、部位、分布：社鼠；体表；林芝市（波密县）。

宿主、部位、分布：白尾松田鼠；林芝市（波密县）。

宿主、部位、分布：短尾仓鼠；体表；林芝市（波密县）。

宿主、部位、分布：高原高山鼾；体表；林芝市（波密县）。

7.4.1.3.5　柳氏盖蚤*Callopsylla liui* Li，Wu *et* Yang，1989

宿主、部位、分布：长尾松田鼠；体表；那曲市、日喀则市（昂仁县）、昌都市（左贡县）。

宿主、部位、分布：藏仓鼠；体表；那曲市、日喀则市（昂仁县）、昌都市。

宿主、部位、分布：白尾松田鼠；体表；那曲市、日喀则市（昂仁县）、昌都市。

宿主、部位、分布：灰尾兔；体表；那曲市、日喀则市（昂仁县）、昌都市（左贡县）。

宿主、部位、分布：松田鼠；体表；那曲市、日喀则市（昂仁县）、昌都市（左贡县）。

7.4.1.3.6　细钩盖蚤*Callopsylla sparsilis* Jordan *et* Rothschild，1922

宿主、部位、分布：藏仓鼠；体表；那曲市、日喀则市（亚东县）、山南市（错那县、隆子县）、昌都市（江孜县）。

宿主、部位、分布：灰腹鼠；体表；那曲市、日喀则市（亚东县）、山南市（错那县、隆子县）、昌都市（江孜县）。

宿主、部位、分布：黑唇鼠兔；体表；那曲市、日喀则市（亚东县）、山南市（错那县、隆子县）、昌都市（江孜县）。

宿主、部位、分布：锡金松田鼠；体表；那曲市、日喀则市（亚东县）、山南市（错那县、隆子县）、昌都市（江孜县）。

7.4.1.3.7　西藏盖蚤*Callopsylla xizangensis* Ge *et* Ma，1992

宿主、部位、分布：红耳鼠兔；体表；昌都市（江达县）。

宿主、部位、分布：锡金田鼠；体表；昌都市、日喀则市（亚东县）。

7.4.1.3.8 许氏盖蚤*Callopsylla xui* Wu，Guo *et* Liu，1996

宿主、部位、分布：锡金松田鼠；体表；山南市（错那县）。

宿主、部位、分布：长爪鼩鼱；体表；山南市（错那县）。

7.4.1.3.9 张氏盖蚤*Callopsylla zhangi* Wu，Guo *et* Liu，1996

宿主、部位、分布：锡金松田鼠；体表；山南市（隆子县）。

7.4.1.4 **角叶蚤属** *Ceratophyllus* Curtis，1832

7.4.1.4.1 曲扎角叶蚤*Ceratophyllus chutsaensis* Liu *et* Wu，1962

宿主、部位、分布：藏鼠兔；体表；那曲市、日喀则市（亚东县）、昌都市（八宿县、察雅县、丁青县）。

宿主、部位、分布：白劳；体表；那曲市、日喀则市（亚东县）、昌都市（八宿县、察雅县、丁青县）。

宿主、部位、分布：雪雀；体表；那曲市、日喀则市（亚东县）、昌都市（八宿县、察雅县、丁青县）。

宿主、部位、分布：黑唇鼠兔；体表；那曲市、日喀则市（亚东县）、昌都市（八宿县、察雅县、丁青县）。

宿主、部位、分布：喜马拉雅旱獭；体表；那曲市、日喀则市（亚东县）、昌都市（八宿县、察雅县、丁青县）。

7.4.1.4.2 燕角叶蚤端凸亚种*Ceratophyllus farreni chaoi* Smit *et* Allan，1955

宿主、部位、分布：金腰燕；体表；拉萨市（林周县）。

7.4.1.4.3 禽角叶蚤欧亚亚种*Ceratophyllus gallinae tribulis* Jordan，1926

宿主、部位、分布：麻雀窝；体表；昌都市（八宿县）。

7.4.1.4.4 粗毛角叶蚤*Ceratophyllus garei* Rothschild，1902

宿主、部位、分布：游离蚤；体表；日喀则市（亚东县）。

7.4.1.4.5 南山角叶蚤*Ceratophyllus nanshanensis* Tsai，Pan *et* Liu，1980

宿主、部位、分布：白腰雨燕；体表；那曲市。

7.4.1.4.6 短突角叶蚤*Ceratophyllus olsufjevi* Scalon *et* Violovich，1961

宿主、部位、分布：岩燕；体表；拉萨市（林周县）。

宿主、部位、分布：金腰燕；体表；拉萨市（林周县）。

7.4.1.4.7 甲端角叶蚤*Ceratophyllus sclerapicalis* Tsai，Wu *et* Liu，1974

宿主、部位、分布：白腰雨燕；体表；那曲市。

7.4.1.5 蓬松蚤属 *Dasypsyllus* Baker，1905

7.4.1.5.1 禽蓬松蚤指名亚种*Dasypsyllus gallinulae gallinulae* Dale，1878

宿主、部位、分布：小林姬鼠；体表；日喀则市（聂拉木县、亚东县）、山南市（错那县）。

宿主、部位、分布：白鹡鸰；体表；日喀则市（聂拉木县、亚东县）、山南市（错那县）。

宿主、部位、分布：黑唇鼠兔；体表；日喀则市（聂拉木县、亚东县）、山南市（错那县）。

7.4.1.6 大锥蚤属 *Macrostylophora* Ewing，1929

7.4.1.6.1 无値大锥蚤*Macrostylophora euteles* Jordan *et* Rothschild，1911

宿主、部位、分布：橙腹松鼠；体表；昌都市（察隅县）。

宿主、部位、分布：安氏白腹鼠；体表；昌都市（察隅县）。

7.4.1.6.2 福林大锥蚤*Macrostylophora fulini* Wu *et* Liu，2003

宿主、部位、分布：橙腹松鼠；体表；昌都市（察隅县）。

宿主、部位、分布：安氏白腹鼠；体表；昌都市（察隅县）。

7.4.1.6.3 羽扇大锥蚤*Macrostylophora lupata* Jordan *et* Rothschild，1921

宿主、部位、分布：灰腹鼠；体表；山南市（隆子县）。

7.4.1.7 巨槽蚤属 *Megabothris* Jordan，1933

7.4.1.7.1 扇形巨槽蚤*Megabothris rhipisoides* Li *et* Wang，1964

宿主、部位、分布：鸟巢；体表；那曲市。

宿主、部位、分布：喜马拉雅旱獭；体表；那曲市。

7.4.1.8 单蚤属 *Monopsyllus* Kolenati，1857

7.4.1.8.1 不等单蚤*Monopsyllus anisus* Rothschild，1907

同物异名：*Concavopsylla caracoi* Scalon，1935、*Concavopsylla siana* Liu，1956。

宿主、部位、分布：北社鼠；体表；林芝市（察隅县、波密县）。

7.4.1.9 病蚤属 *Nosopsyllus* Jordan，1933

7.4.1.9.1 察隅病蚤*Nosopsyllus chayuensis* Wang *et* Liu，1981

宿主、部位、分布：具体宿主不详；体表；昌都市（察隅县）。

7.4.1.9.2　裂病蚤*Nosopsyllus fidus* Jordan *et* Rothschild，1915

宿主、部位、分布：具体宿主不详；体表；日喀则市（聂拉木县）。

7.4.1.9.3　秃病蚤指名亚种*Nosopsyllus laeviceps laeviceps* Wagner，1908

宿主、部位、分布：沙鼠属动物；体表；西藏（具体区域不详）。

宿主、部位、分布：灰仓鼠；体表；西藏（具体区域不详）。

宿主、部位、分布：根田鼠；体表；西藏（具体区域不详）。

宿主、部位、分布：长尾仓鼠；体表；西藏（具体区域不详）。

7.4.1.10　山蚤属 *Oropsylla* Wagner *et* Ioff，1926

7.4.1.10.1　谢氏山蚤*Oropsylla silantiewi* Wagner，1898

宿主、部位、分布：喜马拉雅旱獭；体表；日喀则市（昂仁县、亚东县、仲巴县）、昌都市（丁青县、卡若区、江达县）、那曲市（安多县）、阿里地区（日土县、噶尔县、普兰县）、拉萨市（尼木县）。

宿主、部位、分布：黑唇鼠兔；体表；日喀则市（昂仁县、亚东县）、昌都市（丁青县、卡若区、江达县）、阿里地区（日土县、噶尔县、普兰县）。

7.4.1.11　副角蚤属 *Paraceras* Wagner，1916

7.4.1.11.1　獾副角蚤扇形亚种*Paraceras melis flabellum* Wagner，1916

宿主、部位、分布：獾；体表；西藏（具体区域不详）。

宿主、部位、分布：喜马拉雅旱獭；体表；西藏（具体区域不详）。

7.4.2　栉眼蚤科Ctenophthalmidae Rothschild，1915

7.4.2.1　叉蚤属 *Doratopsylla* Jordan *et* Rothschild，1912

7.4.2.1.1　朝鲜叉蚤*Doratopsylla coreana* Darskaya，1949

宿主、部位、分布：喜马拉雅旱獭；体表；日喀则市（亚东县）。

7.4.2.2　继新蚤属 *Genoneopsylla* Wu，Wu *et* Liu，1966

7.4.2.2.1　窄指继新蚤*Genoneopsylla angustidigita* Wu，Wu *et* Tsai，1980

宿主、部位、分布：斯氏高山䶄；体表；那曲市。

宿主、部位、分布：黑唇鼠兔；体表；那曲市。

宿主、部位、分布：藏鼠兔；体表；那曲市。

7.4.2.2.2　长鬃继新蚤*Genoneopsylla longisetosa* Wu，Wu *et* Liu，1966

宿主、部位、分布：黑唇鼠兔；体表；日喀则市（亚东县）、山南市（错那县、隆子县）、昌都市（左贡县、江孜县、洛隆县、丁青县、芒康县）。

宿主、部位、分布：高原鼠兔；体表；日喀则市（亚东县）、山南市（错那县、隆子县）、昌都市（左贡县、江孜县、洛隆县、丁青县、芒康县）。

宿主、部位、分布：白腹鼠；体表；日喀则市（亚东县）、山南市（错那县、隆子县）、昌都市（左贡县、江孜县、洛隆县、丁青县、芒康县）。

宿主、部位、分布：北社鼠；体表；日喀则市（亚东县）、山南市（错那县、隆子县）、昌都市（左贡县、江孜县、洛隆县、丁青县、芒康县）。

宿主、部位、分布：藏仓鼠；体表；昌都市（洛隆县、丁青县、芒康县）。

宿主、部位、分布：安氏鼠；体表；昌都市（八宿县、江孜县)。

宿主、部位、分布：喇叭仓鼠；体表；昌都市（八宿县、江孜县)。

宿主、部位、分布：达乌尔黄鼠；体表；日喀则市（亚东县）、山南市（错那县、隆子县）、昌都市（左贡县、江孜县、洛隆县、丁青县、芒康县）。

宿主、部位、分布：长爪鼩鼱；体表；日喀则市（亚东县）、山南市（错那县、隆子县）、昌都市（左贡县、江孜县、洛隆县、丁青县、芒康县）。

宿主、部位、分布：灰腹鼠；体表；日喀则市（亚东县）、山南市（错那县、隆子县）、昌都市（左贡县、江孜县、洛隆县、丁青县、芒康县）。

7.4.2.2.3　三角继新蚤*Genoneopsylla thyxanota* Traub，1968

宿主、部位、分布：灰鼠兔；体表；日喀则市（仲巴县）。

宿主、部位、分布：达乌尔黄鼠；体表；日喀则市（仲巴县）。

宿主、部位、分布：黑家鼠；体表；日喀则市（仲巴县）。

宿主、部位、分布：大足鼠；体表；日喀则市（仲巴县）。

7.4.2.2.4　支英继新蚤*Genoneopsylla zhiyingi* Wu，Ge *et* Lan，2003

宿主、部位、分布：北社鼠；体表；林芝市（米林县、巴宜区）。

宿主、部位、分布：白尾松田鼠；体表；林芝市（米林县、巴宜区）。

宿主、部位、分布：齐氏姬鼠；体表；林芝市（米林县、巴宜区）。

宿主、部位、分布：未定名鼠兔；体表；林芝市（米林县、巴宜区）。

宿主、部位、分布：未定种仓鼠；体表；林芝市。

7.4.2.3　**新蚤属** *Neopsylla* Wagner，1903

7.4.2.3.1　细柄新蚤*Neopsylla angustimanubra* Wu，Wu *et* Liu，1966

宿主、部位、分布：锡金松田鼠；体表；拉萨市、日喀则市、那曲市、山南市（隆子县、错那县）。

宿主、部位、分布：松田鼠；体表；拉萨市、日喀则市、那曲市、山南市（隆子县、错那县）。

宿主、部位、分布：藏仓鼠；体表；拉萨市、日喀则市、那曲市、山南市（隆子县、错那县、加查县）。

宿主、部位、分布：腹鼠四川亚种；体表；拉萨市、日喀则市、那曲市。

宿主、部位、分布：大林姬鼠；体表；拉萨市、日喀则市、那曲市。

宿主、部位、分布：根田鼠；体表；拉萨市、日喀则市、那曲市。

宿主、部位、分布：喜马拉雅旱獭；体表；拉萨市、日喀则市、那曲市。

宿主、部位、分布：长尾仓鼠；体表；拉萨市、日喀则市、那曲市。

宿主、部位、分布：高山鼯；体表；拉萨市、日喀则市、那曲市。

7.4.2.3.2　二毫新蚤*Neopsylla biseta* Li *et* Hsieh，1964

宿主、部位、分布：可钦绒鼠；体表；林芝市（察隅县）。

7.4.2.3.3　不同新蚤指名亚种*Neopsylla dispar dispar* Jordan，1932

宿主、部位、分布：青毛鼠；体表；林芝市（墨脱县）。

7.4.2.3.4 红羊新蚤*Neopsylla hongyangensis* Li，Bai *et* Chen，1986

宿主、部位、分布：齐氏姬鼠；体表；林芝市（巴宜区、工布江达县）。

7.4.2.3.5 特新蚤*Neopsylla specialis* Jordan，1932

宿主、部位、分布：针毛鼠；体表；日喀则市（聂拉木县）。

宿主、部位、分布：黑家鼠；体表；日喀则市（聂拉木县）。

7.4.2.3.6 特新蚤贵州亚种*Neopsylla specialis kweichowensis* Liao，1974

宿主、部位、分布：白尾松田鼠；体表；林芝市（波密县、察隅县）。

7.4.2.3.7 特新蚤裂亚种*Neopsylla specialis schismatosa* Li，1980

宿主、部位、分布：白腹鼠；体表；林芝市（巴宜区）。

7.4.2.3.8 特新蚤川藏亚种*Neopsylla specialis sichuanxizangensis* Wu *et* Chen，1982

宿主、部位、分布：白尾松田鼠；体表；林芝市（波密县、察隅县）。

7.4.2.3.9 斯氏新蚤*Neopsylla stevensi* Rothschild，1915

同物异名：玛利亚新蚤*Neopsylla marleaneae* Lewis，1971。

宿主、部位、分布：社鼠；体表；林芝市（察隅县、波密县）。

宿主、部位、分布：高原高山鼮；体表；林芝市（察隅县、波密县）。

宿主、部位、分布：白尾松田鼠；体表；林芝市（察隅县、波密县）。

宿主、部位、分布：大足鼠；体表；林芝市（察隅县、波密县）。

宿主、部位、分布：黑家鼠；体表；林芝市（察隅县、波密县）。

7.4.2.3.10 斯氏新蚤指名亚种*Neopsylla stevensi stevensi* Rothschild，1915

宿主、部位、分布：灰腹鼠；体表；林芝市（察隅县、波密县）、日喀则市（亚东县）、山南市（隆子县、错那县）。

宿主、部位、分布：北社鼠；体表；林芝市（察隅县、波密县）、日喀则市（亚东县）、山南市（隆子县、错那县）。

宿主、部位、分布：锡金小鼠；体表；林芝市（察隅县、波密县）、日喀则市（亚东县）、山南市（隆子县、错那县）。

宿主、部位、分布：褐家鼠；体表；林芝市（察隅县、波密县）、日喀则市（亚东县）、山南市（隆子县、错那县）。

宿主、部位、分布：高山鼩；体表；林芝市（察隅县、波密县）、日喀则市（亚东县）、山南市（隆子县、错那县）。

宿主、部位、分布：白尾松田鼠；体表；林芝市（察隅县、波密县）、日喀则市（亚东县）、山南市（隆子县、错那县）。

宿主、部位、分布：大足鼠；体表；林芝市（察隅县、波密县）、日喀则市（亚东县）、山南市（隆子县、错那县）。

宿主、部位、分布：黑家鼠；体表；林芝市（察隅县、波密县）、日喀则市（亚东县）、山南市（隆子县、错那县）。

7.4.2.4 古蚤属 *Palaeopsylla* Wagner，1903

7.4.2.4.1 短突古蚤*Palaeopsylla breviprocera* Wu，Guo *et* Liu，1996

宿主、部位、分布：长爪鼩鼱；体表；山南市（隆子县、错那县）。

宿主、部位、分布：藏仓鼠；体表；山南市（隆子县、错那县）。

宿主、部位、分布：锡金松田鼠；体表；山南市（隆子县、错那县）。

7.4.2.4.2 丹氏古蚤*Palaeopsylla danieli* Smit *et* Rosicky，1976

宿主、部位、分布：长爪鼩鼱；体表；山南市（错那县）、日喀则市（亚东县）。

宿主、部位、分布：锡金松田鼠；体表；山南市（错那县）、日喀则市（亚东县）。

7.4.2.4.3 海仑古蚤*Palaeopsylla helenae* Lewis，1973

宿主、部位、分布：鼩鼱；体表；林芝市（波密县）。

宿主、部位、分布：锡金长尾鼩鼱；体表；山南市（隆子县、错那县）、林芝市（波密县、察隅县）。

7.4.2.4.4 内曲古蚤*Palaeopsylla incurva* Jordan，1932

宿主、部位、分布：锡金长尾鼩、褐家鼠；体表；林芝市（察隅县、波密县）。

7.4.2.4.5 陶氏古蚤马卡仑亚种*Palaeopsylla tauberi makaluensis* Brelih, 1975

宿主、部位、分布：锡金长尾鼩鼱；体表；山南市（隆子县、错那县）、日喀则市（亚东县）。

宿主、部位、分布：灰腹鼠；体表；山南市（隆子县、错那县）、日喀则市（亚东县）。

宿主、部位、分布：锡金松田鼠；体表；山南市（隆子县、错那县）、日喀则市（亚东县）。

宿主、部位、分布：长爪鼩鼱；体表；山南市（隆子县、错那县）、日喀则市（亚东县）。

宿主、部位、分布：藏鼠兔；体表；山南市（隆子县、错那县）、日喀则市（亚东县）。

7.4.2.5 **副新蚤属** *Paraneopsylla* Tiflov，1937

7.4.2.5.1 棒副新蚤*Paraneopsylla clavata* Wu，Lang *et* Liu，1982

宿主、部位、分布：白尾松田鼠；体表；那曲市、日喀则市（仲巴县）。

7.4.2.6 **纤蚤属** *Rhadinopsylla* Jordan *et* Rothschild，1912

7.4.2.6.1 五侧纤蚤邻近亚种*Rhadinopsylla dahurica vicina* Wagner，1930

宿主、部位、分布：达乌尔鼠兔；体表；昌都市、那曲市。

宿主、部位、分布：黑唇鼠兔；体表；昌都市、那曲市。

宿主、部位、分布：白尾松田鼠；体表；昌都市、那曲市。

宿主、部位、分布：长尾仓鼠；体表；昌都市、那曲市。

宿主、部位、分布：高原高山鼩；体表；昌都市、那曲市。

宿主、部位、分布：小毛足鼠；体表；昌都市、那曲市。

宿主、部位、分布：喜马拉雅旱獭；体表；昌都市、那曲市、日喀则市（仲巴县）。

7.4.2.6.2 五侧纤蚤似近邻亚种*Rhadinopsylla dahurica vicinoides* Smit, 1975

宿主、部位、分布：黑唇鼠兔、锡金松田鼠；体表；日喀则市。

7.4.2.6.3 腹窦纤蚤浅短亚种*Rhadinopsylla li murium* Ioff & Tiflov，1946

宿主、部位、分布：灰仓鼠；体表；西藏（具体区域不详）。

宿主、部位、分布：小林姬鼠；体表；西藏（具体区域不详）。

7.4.2.6.4 腹窦纤蚤深广亚种*Rhadinopsylla li ventricosa* Ioff *et* Tiflov, 1946

宿主、部位、分布：喜马拉雅旱獭；体表；林芝市（波密县）、昌都市（丁青县、查雅县、芒康县、卡若区）、日喀则市（仲巴县）、那曲市。

7.4.2.6.5 圆截纤蚤*Rhadinopsylla rotunditruncata* Wu，Li *et* Cai，1999

宿主、部位、分布：斯氏高山鼱；体表；那曲市、日喀则市（昂仁县）。

宿主、部位、分布：藏仓鼠；体表；那曲市、日喀则市（昂仁县）。

7.4.2.6.6 西藏纤蚤*Rhadinopsylla xizangensis* Cai，Li *et* Zheng，1997

宿主、部位、分布：大耳鼠兔；体表；那曲市。

7.4.2.7 狭臀蚤属 *Stenischia* Jordan，1932

7.4.2.7.1 奇异狭臀蚤*Stenischia mirabilis* Jordan，1932

宿主、部位、分布：具体宿主不详；体表；林芝市（波密县）、昌都市（芒康县）。

7.4.2.8 狭蚤属 *Stenoponia* Jordan *et* Rothschild，1911

7.4.2.8.1 喜马狭蚤*Stenoponia himalayana* Brelih，1975

宿主、部位、分布：白尾松田鼠；体表；那曲市（聂荣县）、拉萨市（当雄县）、山南市（隆子县、错那县）、昌都市（芒康县）。

宿主、部位、分布：藏仓鼠；体表；那曲市（聂荣县）、拉萨市（当雄县）、山南市（隆子县、错那县、加查县）、昌都市（芒康县）。

宿主、部位、分布：高山仓鼠；体表；那曲市（聂荣县）、拉萨市（当雄县）、山南市（隆子县、错那县）、昌都市（芒康县）。

7.4.2.9 厉蚤属 *Xenodaeria* Jordan，1932

7.4.2.9.1 窄突厉蚤*Xenodaeria angustiproceria* Wu，Guo *et* Liu，1996

宿主、部位、分布：长爪鼩鼱、锡金松田鼠、灰腹鼠、白尾松田鼠；体表；山南市（错那县）。

7.4.2.9.2 宽突厉蚤*Xenodaeria laxiproceria* Wu，Guo *et* Liu，1996

宿主、部位、分布：大爪长尾鼩鼱；体表；山南市（错那县、隆子县）。

7.4.2.9.3　后厉蚤*Xenodaeria telios* Jordan，1932

宿主、部位、分布：大爪长尾鼩鼱、锡金松田鼠；体表；山南市（错那县、隆子县）、日喀则市（亚东县）。

7.4.3　蝠蚤科Ischnopsyllidae Tiraboschi，1904

7.4.3.1　蝠蚤属 *Ischnopsyllus* Westwood，1833

7.4.3.1.1　印度蝠蚤*Ischnopsyllus indicus* Jordan，1931

同物异名：*Hirtopsylla tateishii* Sugimoto，1933。

宿主、部位、分布：蝙蝠；体表；林芝市（察隅县、波密县）。

7.4.3.2　米蝠蚤属 *Mitchella* Lewis，1970

7.4.3.2.1　广窦米蝠蚤*Mitchella laxisinuata* Liu，Wu *et* Wu，1977

宿主、部位、分布：蝙蝠；体表；林芝市（波密县）。

7.4.3.2.2　巨跗米蝠蚤*Mitchella megatarsaliar* Liu，Wu *et* Wu，1977

宿主、部位、分布：蝙蝠；体表；林芝市（波密县）。

7.4.3.2.3　截棘米蝠蚤*Mitchella truncata* Liu，Wu *et* Wu，1977

宿主、部位、分布：蝙蝠；体表；林芝市（波密县）。

7.4.3.3　腹板蚤属 *Sternopsylla* Jordan *et* Rothschild，1921

7.4.3.3.1　广窦腹板蚤*Sternopsylla laxisinuata*

宿主、部位、分布：蝙蝠；体表；林芝市（波密县）。

7.4.3.3.2　巨跗腹板蚤*Sternopsylla megatarsalia*

宿主、部位、分布：蝙蝠；体表；林芝市（波密县）。

7.4.3.3.3　截棘腹板蚤*Sternopsylla truncata*

宿主、部位、分布：蝙蝠；体表；林芝市（波密县）。

7.4.4　细蚤科Leptopsyllidae Baker，1905

7.4.4.1　双蚤属 *Amphipsylla* Wagner，1909

7.4.4.1.1　棘丛双蚤*Amphipsylla dumalis* Jordan *et* Rothschild，1915

宿主、部位、分布：仓鼠（未定种）；体表；林芝市（察隅县）、那曲市。

宿主、部位、分布：鼠兔（未定种）；体表；林芝市（察隅县）、那曲市。

7.4.4.1.2 镜铁山双蚤*Amphipsylla jingtieshanensis* Ma，Zhang *et* Wang, 1979

宿主、部位、分布：藏仓鼠；体表；昌都市（洛隆县）、林芝市（朗县）、那曲市（聂荣县）、日喀则市（南木林县、仲巴县）、山南市（错那县、措美县）。

宿主、部位、分布：根田鼠；体表；昌都市（洛隆县）、那曲市（聂荣县）、日喀则市（南木林县、仲巴县）、山南市（错那县、措美县）。

宿主、部位、分布：红耳鼠兔；体表；昌都市（洛隆县）、那曲市（聂荣县）、日喀则市（南木林县、仲巴县）、山南市（错那县、措美县）。

宿主、部位、分布：香鼬；体表；昌都市（洛隆县）、那曲市（聂荣县）、日喀则市（南木林县、仲巴县）、山南市（错那县、措美县）。

宿主、部位、分布：高原松田鼠；体表；山南市（加查县）、林芝市（朗县）。

宿主、部位、分布：松田鼠；体表；那曲市（聂荣县）、日喀则市（南木林县、仲巴县）、山南市（错那县、措美县）。

7.4.4.1.3 矩形双蚤*Amphipsylla orthogonia* Liu，Tsai *et* Wu，1975

宿主、部位、分布：藏仓鼠；体表；日喀则市、那曲市、昌都市。

7.4.4.1.4 原双蚤指名亚种*Amphipsylla primaris primaris* Jordan *et* Rothschild，1915

宿主、部位、分布：白尾松田鼠；体表；拉萨市、那曲市、日喀则市、林芝市（朗县）、阿里地区（普兰县）、昌都市（左贡县、江达县)。

宿主、部位、分布：高原高山䶄；体表；拉萨市、那曲市、日喀则市、林芝市（朗县）、阿里地区（普兰县）、昌都市（左贡县、江达县)。

宿主、部位、分布：喜马拉雅旱獭；体表；拉萨市、那曲市、日喀则市、林芝市（朗县）、阿里地区（普兰县）、昌都市（左贡县、江达县)。

宿主、部位、分布：达乌尔鼠兔；体表；拉萨市、那曲市、日喀则市、林芝市（朗县）、阿里地区（普兰县）、昌都市（左贡县、江达县）。

宿主、部位、分布：高原鼠兔；体表；拉萨市、那曲市、日喀则市、林芝市（朗县）、阿里地区（日土县、噶尔县、普兰县）、昌都市（左贡县、江达县）。

宿主、部位、分布：田鼠（未定种）；体表；拉萨市、那曲市、日喀则市、林芝市（朗县）、阿里地区（普兰县）、昌都市（左贡县、江达县）。

7.4.4.1.5　方指双蚤*Amphipsylla quadratedigita* Liu，Wu *et* Wu，1965

宿主、部位、分布：松田鼠；体表；拉萨市、阿里地区、昌都市（丁青县、类乌齐县）、山南市（错那县、隆子县）。

宿主、部位、分布：白尾松田鼠；体表；拉萨市、阿里地区、昌都市（丁青县、类乌齐县）、山南市（错那县、隆子县）。

宿主、部位、分布：高原高山䶄；体表；拉萨市、阿里地区、昌都市（丁青县、类乌齐县）、山南市（错那县、隆子县）。

宿主、部位、分布：喜马拉雅旱獭；体表；拉萨市、阿里地区、昌都市（丁青县、类乌齐县）、山南市（错那县、隆子县）。

宿主、部位、分布：姬鼠；体表；拉萨市、阿里地区、昌都市（丁青县、类乌齐县）、山南市（错那县、隆子县）。

宿主、部位、分布：鼠兔；体表；拉萨市、阿里地区、昌都市（丁青县、类乌齐县）、山南市（错那县、隆子县）。

7.4.4.1.6　直缘双蚤指名亚种*Amphipsylla tuta tuta* Wagner，1928

宿主、部位、分布：田鼠；体表；林芝市（察隅县）。

宿主、部位、分布：白尾松田鼠；体表；日喀则市（亚东县）、林芝市（察隅县）。

7.4.4.1.7　似直缘双蚤*Amphipsylla tutatoides* Liu，Guo *et* Wu，1996

宿主、部位、分布：松田鼠；体表；日喀则市（亚东县）。

宿主、部位、分布：田鼠；体表；日喀则市（亚东县）。

宿主、部位、分布：小林姬鼠；体表；日喀则市（亚东县）。

宿主、部位、分布：鼩鼱（未定种）；体表；日喀则市（亚东县)。

7.4.4.1.8　亚东双蚤*Amphipsylla yadongensis* Wang *et* Wang，1988

宿主、部位、分布：锡金松田鼠；体表；日喀则市（亚东县）。

宿主、部位、分布：田鼠；体表；日喀则市（亚东县）。

宿主、部位、分布：小林姬鼠；体表；日喀则市（亚东县）。

宿主、部位、分布：鼩鼱（未定种）；体表；日喀则市（亚东县）。

7.4.4.2 额蚤属 *Frontopsylla* Wagner *et* Ioff，1926

7.4.4.2.1 无裂板额蚤*Frontopsylla adixsterna* Liu，Shao *et* Liu，1976

同物异名：*Acanthopsylla hollandi* Lewis，1977。

宿主、部位、分布：帕米尔田鼠；体表；阿里地区（噶尔县）。

宿主、部位、分布：黄鼬；体表；阿里地区（噶尔县）。

宿主、部位、分布：藏仓鼠；体表；林芝市（朗县）。

宿主、部位、分布：黑唇鼠兔；体表；日喀则市（亚东县）、山南市（隆子县）。

宿主、部位、分布：藏鼠兔；体表；日喀则市（亚东县）、山南市（隆子县）、林芝市（朗县）。

宿主、部位、分布：雪雀；体表；日喀则市（亚东县）、山南市（隆子县）。

7.4.4.2.2 角额蚤*Frontopsylla cornuta* Ioff，1946

宿主、部位、分布：金腰燕；体表；那曲市。

7.4.4.2.3 迪庆额蚤*Frontopsylla diqingensis* Li *et* Hsieh，1974

宿主、部位、分布：具体宿主不详；体表；昌都市（察隅县、芒康县）。

宿主、部位、分布：高原松田鼠；体表；山南市（加查县）。

宿主、部位、分布：北社鼠；体表；日喀则市（亚东县）、山南市（错那县、隆子县）、林芝市（察隅县）、昌都市（芒康县）。

宿主、部位、分布：大足鼠；体表；日喀则市（亚东县）、山南市（错那县、隆子县）、林芝市（察隅县）、昌都市（芒康县）。

宿主、部位、分布：灰腹鼠；体表；日喀则市（亚东县）、山南市（错那县、隆子县）、林芝市（察隅县）、昌都市（芒康县）。

宿主、部位、分布：褐家鼠；体表；日喀则市（亚东县）、山南市（错那县、隆子县）、林芝市（察隅县）、昌都市（芒康县）。

宿主、部位、分布：锡金松田鼠；体表；日喀则市（亚东县）、山南市（错那县、隆子县）、林芝市（察隅县）、昌都市（芒康县）。

宿主、部位、分布：藏鼠兔；体表；日喀则市（亚东县）、山南市（错那县、隆子县）、林芝市（察隅县）、昌都市（芒康县）。

7.4.4.2.4 升额蚤突亚种*Frontopsylla elata glatra* Ioff，1946

宿主、部位、分布：灰腹鼠；体表；林芝市（工布江达县）。

7.4.4.2.5 前额蚤阿拉套亚种*Frontopsylla frontalis alatau* Fedina，1946

宿主、部位、分布：鼠兔（未定种）；体表；阿里地区（噶尔县）。

7.4.4.2.6 前额蚤灰獭亚种*Frontopsylla frontalis baibacina* Ji Shuli，1979

宿主、部位、分布：伯劳鸟；体表；那曲市。

7.4.4.2.7 前额蚤贝湖亚种*Frontopsylla frontalis baikal* Ioff，1946

宿主、部位、分布：长尾旱獭；体表；昌都市（左贡县、邦达县）。

宿主、部位、分布：达乌尔黄鼠；体表；昌都市（左贡县、邦达县）。

7.4.4.2.8 前额蚤后凹亚种*Frontopsylla frontalis postcurva* Liu，Wu *et* Wu，1983

宿主、部位、分布：达乌尔黄鼠；体表；昌都市（左贡县、八宿县）、日喀则市（亚东县）。

宿主、部位、分布：黑唇鼠兔；体表；昌都市（左贡县、八宿县）、日喀则市（亚东县）。

宿主、部位、分布：雪雀；体表；昌都市（左贡县、八宿县）、日喀则市（亚东县）。

7.4.4.2.9 异额蚤*Frontopsylla hetera* Wagner，1933

宿主、部位、分布：松田鼠；体表；阿里地区、那曲市。

7.4.4.2.10 棕形额蚤指名亚种*Frontopsylla spadix spadix* Jordan *et* Rothschild, 1921

同物异名：*Frontopsylla spadix* subsp. *cansa* Rothschild，1932

宿主、部位、分布：社鼠；体表；昌都市（卡若区、洛隆县、八宿县、左贡县）、林芝市（波密县、察隅县）、日喀则市（亚东县）。

宿主、部位、分布：大足鼠；体表；昌都市（卡若区、洛隆县、八宿县、左贡县）、林芝市（波密县、察隅县）、日喀则市（亚东县）。

宿主、部位、分布：白腰雪雀；体表；昌都市（卡若区、洛隆县）、林芝市（波密县、察隅县）。

7.4.4.2.11　西藏额蚤*Frontopsylla xizangensis* Liu *et* Liu，1982

宿主、部位、分布：灰腹鼠；体表；日喀则市（亚东县）。

宿主、部位、分布：锡金松田鼠；体表；日喀则市（亚东县）。

宿主、部位、分布：藏鼠兔；体表；日喀则市（亚东县）。

宿主、部位、分布：长爪鼩鼱；体表；日喀则市（亚东县）。

7.4.4.3　**茸足蚤属** *Geusibia* Jordan，1932

7.4.4.3.1　无突茸足蚤西藏亚种*Geusibia apromina xizangensis* Liu，Gao *et* Liu，1982

宿主、部位、分布：大耳鼠兔；体表；那曲市（比如县）。

7.4.4.3.2　结实茸足蚤*Geusibia torosa* Jordan，1932

宿主、部位、分布：高原松田鼠；体表；山南市（加查县）。

宿主、部位、分布：锡金松田鼠；体表；山南市（加查县）。

7.4.4.3.3　三角茸足蚤*Geusibia triangularis* Lewis，1972

宿主、部位、分布：藏鼠兔；体表；日喀则市（亚东县）。

宿主、部位、分布：锡金松田鼠；体表；日喀则市（亚东县）。

7.4.4.4　**细蚤属** *Leptopsylla* Jordan *et* Rothschild，1911

7.4.4.4.1　缓慢细蚤*Leptopsylla segnis* Schönherr，1811

宿主、部位、分布：家栖或半家栖鼠类；体表；西藏（具体区域不详）。

7.4.4.5　**眼蚤属** *Ophthalmopsylla* Wagner *et* Ioff，1926

7.4.4.5.1　多鬃眼蚤*Ophthalmopsylla multichaeta* Liu，Wu *et* Wu，1965

宿主、部位、分布：藏仓鼠；体表；拉萨市、山南市（加查县）、林芝市（朗县）。

宿主、部位、分布：北社鼠；体表；拉萨市。

7.4.4.6　**怪蚤属** *Paradoxopsyllus* Miyajima *et* Koidzumi，1909

7.4.4.6.1　微刺怪蚤*Paradoxopsyllus aculeolatus* Ge *et* Ma，1988

宿主、部位、分布：林姬鼠、白腹鼠；体表；林芝市。

7.4.4.6.2　绒鼠怪蚤*Paradoxopsyllus custodis* Jordan，1932

宿主、部位、分布：大耳鼠兔；体表；昌都市（察隅县、芒康县）。

宿主、部位、分布：褐家鼠；体表；昌都市（察隅县、芒康县）、日喀则市（亚东县）。

宿主、部位、分布：灰腹鼠；体表；昌都市（察隅县、芒康县）、日喀则市（亚东县）。

宿主、部位、分布：长爪鼩鼱；体表；昌都市（察隅县、芒康县）、日喀则市（亚东县）。

宿主、部位、分布：黑唇鼠兔；体表；昌都市（察隅县、芒康县）、日喀则市（亚东县）。

宿主、部位、分布：大耳姬鼠；体表；昌都市（察隅县、芒康县）、日喀则市（亚东县）。

宿主、部位、分布：藏仓鼠；体表；昌都市（察隅县、芒康县）、日喀则市（亚东县）。

宿主、部位、分布：黑家鼠；体表；昌都市（察隅县、芒康县）、日喀则市（亚东县）。

7.4.4.6.3 介中怪蚤*Paradoxopsyllus intermedius* Hsieh，Yang *et* Li，1978

宿主、部位、分布：大耳鼠兔；体表；昌都市。

宿主、部位、分布：红耳鼠兔；体表；昌都市。

7.4.4.6.4 金沙江怪蚤*Paradoxopsyllus jinshajiangensis* Hsieh，Yang *et* Li，1978

宿主、部位、分布：具体宿主不详；体表；昌都市（芒康县）。

7.4.4.6.5 金沙江怪蚤指名亚种*Paradoxopsyllus jinshajiangensis jinshajiangensis* Hsieh, Yang *et* Li, 1978

宿主、部位、分布：具体宿主不详；体表；林芝市、昌都市（芒康县）。

7.4.4.6.6 隆子怪蚤，新种*Paradoxopsyllus lhuntsensis* sp. nov.

宿主、部位、分布：社鼠；体表；山南市（隆子县）。

宿主、部位、分布：锡金松田鼠；体表；山南市（隆子县）。

7.4.4.6.7 长方怪蚤*Paradoxopsyllus longiquadratus* Liu，Ge *et* Lan，1991

宿主、部位、分布：白腹巨鼠；体表；林芝市（波密县）。

宿主、部位、分布：姬鼠；体表；林芝市（波密县）。

7.4.4.6.8 鬃刷怪蚤*Paradoxopsyllus magnificus* Lewis，1974

宿主、部位、分布：白尾松田鼠；体表；拉萨市（尼木县）、日喀则市（萨嘎县）。

7.4.4.6.9 纳伦怪蚤*Paradoxopsyllus naryni* Wagner，1928

宿主、部位、分布：黑唇鼠兔；体表；昌都市（洛隆县、丁青县）。

宿主、部位、分布：藏仓鼠；体表；昌都市（洛隆县、丁青县）。

宿主、部位、分布：川西鼠兔；体表；昌都市（洛隆县、丁青县）。

宿主、部位、分布：北社鼠；体表；昌都市（洛隆县、丁青县）。

7.4.4.6.10 副昏暗怪蚤*Paradoxopsyllus paraphaeopis* Lewis，1974

宿主、部位、分布：锡金松田鼠；体表；拉萨市、日喀则市（亚东县）。

宿主、部位、分布：白腹巨鼠；体表；拉萨市、日喀则市（亚东县）。

7.4.4.6.11 刺怪蚤*Paradoxopsyllus spinosus* Lewis，1974

宿主、部位、分布：北社鼠；体表；阿里地区、拉萨市、日喀则市、山南市（错那县、隆子县）。

宿主、部位、分布：灰仓鼠；体表；阿里地区、拉萨市、日喀则市、山南市（错那县、隆子县）。

宿主、部位、分布：藏鼠兔；体表；阿里地区、拉萨市、日喀则市、山南市（错那县、隆子县）。

宿主、部位、分布：白腹鼠；体表；阿里地区、拉萨市、日喀则市、山南市（错那县、隆子县）。

宿主、部位、分布：白尾松田鼠；体表；阿里地区、拉萨市、日喀则市、山南市（错那县、隆子县）。

宿主、部位、分布：达乌尔鼠兔；体表；阿里地区、拉萨市、日喀则市、山南市（错那县、隆子县）。

7.4.4.7 **二刺蚤属** *Peromyscopsylla* I.Fox，1939

7.4.4.7.1 喜山二刺蚤中华亚种*Peromyscopsylla himalaica sinica* Li *et* Wang，1959

宿主、部位、分布：大足鼠；体表；昌都市（察隅县）。

7.4.5 蚤科Pulicidae Billberg，1820

7.4.5.1 角头蚤属 *Echidnophaga* Olliff，1886

7.4.5.1.1 鼠兔角头蚤*Echidnophaga ochotona* Li，1957

宿主、部位、分布：格氏鼠兔；体表；昌都市（察雅县、察隅县）。

宿主、部位、分布：大耳鼠兔；体表；昌都市（察雅县、察隅县）。

宿主、部位、分布：川西鼠兔；体表；昌都市（察雅县、察隅县）、林芝市（波密县）。

7.4.5.2 武蚤属 *Hoplopsyllus* Baker，1905

7.4.5.2.1 冰武蚤宽指亚种*Hoplopsyllus glacialis profugus* Jordan，1925

宿主、部位、分布：高原兔；体表；阿里地区（日土县、噶尔县、普兰县）。

宿主、部位、分布：长尾兔；体表；拉萨市、日喀则市（仲巴县、亚东县）、林芝市（察隅县）、阿里地区（噶尔县、改则县）。

宿主、部位、分布：松田鼠；体表；拉萨市、日喀则市（仲巴县、亚东县）、林芝市（察隅县）、阿里地区（噶尔县、改则县）。

宿主、部位、分布：灰尾兔；体表；拉萨市、日喀则市（仲巴县、亚东县）、林芝市（察隅县）、阿里地区（噶尔县、改则县）。

7.4.5.3 蚤属 *Pulex* Linnaeus，1758

7.4.5.3.1 致痒蚤*Pulex irritans* Linnaeus，1758

同物异名：人蚤。

宿主、部位、分布：犬科动物；体表；林芝市（察隅县）、昌都市（察雅县）、山南市（隆子县）。

宿主、部位、分布：喜马拉雅旱獭；体表；林芝市（察隅县）、昌都市（察雅县）、山南市（隆子县）。

宿主、部位、分布：锡金松田鼠；体表；林芝市（察隅县）、昌都市（察雅县）、山南市（隆子县）。

7.4.6 臀蚤科Pygiopsyllidae Wagner，1939

7.4.6.1 远棒蚤属 *Aviostivalius* Traub，1980

7.4.6.1.1 近端远棒蚤二刺亚种*Aviostivalius klossi bispiniformis* Li *et* Wang, 1958

宿主、部位、分布：斯氏家鼠；体表；林芝市（墨脱县）。

宿主、部位、分布：大足鼠；体表；林芝市（墨脱县）。

7.4.7 蠕形蚤科Vermipsyllidae Wagner，1889

7.4.7.1 鬃蚤属 *Chaetopsylla* Kohaut，1903

7.4.7.1.1 近鬃蚤*Chaetopsylla appropinquans* Wagner，1930

宿主、部位、分布：獾；体表；日喀则市（仲巴县）。

宿主、部位、分布：豺；体表；日喀则市（仲巴县）。

7.4.7.1.2 圆头鬃蚤*Chaetopsylla globiceps* Taschenberg，1880

宿主、部位、分布：狐狸；体表；日喀则市（仲巴县）。

宿主、部位、分布：獾；体表；日喀则市（仲巴县）。

宿主、部位、分布：豺；体表；日喀则市（仲巴县）。

7.4.7.1.3 同鬃蚤*Chaetopsylla homoea* Rothschild，1906

宿主、部位、分布：犬；体表；昌都市（察雅县）。

宿主、部位、分布：喜马拉雅旱獭；体表；日喀则市（仲巴县）、昌都市（八宿县、察雅县）。

宿主、部位、分布：狐；体表；日喀则市（仲巴县）、昌都市（八宿县、察雅县）。

宿主、部位、分布：艾鼬；体表；日喀则市（仲巴县）、昌都市（八宿县、察雅县）。

宿主、部位、分布：獾；体表；日喀则市（仲巴县）、昌都市（八宿县、察雅县）。

7.4.7.1.4 中间鬃蚤*Chaetopsylla media* Wu，Wu *et* Tsai，1979

宿主、部位、分布：麝；体表；昌都市（芒康县）。

7.4.7.2 长喙蚤属 *Dorcadia* Ioff，1946

7.4.7.2.1 狍长喙蚤*Dorcadia dorcadia* Rothschild，1912

分布：西藏（具体区域不详）。

7.4.7.2.2 羊长喙蚤*Dorcadia ioffi* Smit，1953

分布：西藏（具体区域不详）。

7.4.7.3 **蠕形蚤属** *Vermipsylla* Schimkewitsch，1885

7.4.7.3.1 花蠕形蚤*Vermipsylla alakurt* Schimkewitsch，1885

宿主、部位、分布：绵羊；体表；山南市（乃东区）。

宿主、部位、分布：山羊；体表；山南市（乃东区）。

7.4.7.3.2 不齐蠕形蚤*Vermipsylla asymmetrica* Liu，Wu *et* Wu，1965

宿主、部位、分布：麝；体表；昌都市（类乌齐县、芒康县）。

7.4.7.3.3 不齐蠕形蚤指名亚种*Vermipsylla asymmetrica asymmetrica* Liu，Wu *et* Wu，1965

宿主、部位、分布：麝；体表；拉萨市（林周县）、昌都市（类乌齐县、芒康县）。

7.4.7.3.4 平行蠕形蚤*Vermipsylla parallela* Liu，Wu *et* Wu，1965

宿主、部位、分布：牦牛；体表；林芝市（波密县）。

宿主、部位、分布：黄牛；体表；林芝市（波密县）。

7.4.7.3.5 平行蠕形蚤指名亚种*Vermipsylla parallela parallela* Liu, Wu *et* Wu, 1965

宿主、部位、分布：黄牛；体表；林芝市。

宿主、部位、分布：牦牛；体表；林芝市。

7.4.7.3.6 似花蠕形蚤中亚亚种*Vermipsylla perplexa centrolasia* Liu, Wu *et* Wu, 1982

宿主、部位、分布：绵羊；体表；昌都市（洛隆县）。

宿主、部位、分布：山羊；体表；昌都市（洛隆县）。

宿主、部位、分布：马；体表；昌都市（洛隆县）。

宿主、部位、分布：青羊；体表；昌都市（洛隆县）。

宿主、部位、分布：岩羊；体表；昌都市（洛隆县）。

8 五口虫纲Pentastomida Heymons，1926

同物异名：蠕形纲。

8.1 舌形虫目Linguatulida Shipley，1898

8.1.1 舌形虫科Linguatulidae Shipley，1898

8.1.1.1 舌形属 *Linguatula* Fröhlich，1789

8.1.1.1.1 锯齿舌形虫*Linguatula serrata* Fröhlich，1789

宿主、部位、分布：牦牛；鼻腔、肝；昌都市（贡觉县、察雅县、左贡县）。

宿主、部位、分布：黄牛；鼻腔、肝；拉萨市（林周县）、日喀则市（江孜县）、昌都市（贡觉县、察雅县、左贡县）。

宿主、部位、分布：绵羊；肠间淋巴结；拉萨市（当雄县、林周县）、昌都市（昌都市、八宿县、贡觉县、察雅县、左贡县）。

宿主、部位、分布：山羊；鼻腔、肝；拉萨市（林周县）、日喀则市（江孜县）、那曲市（申扎县）。

宿主、部位、分布：犬；鼻腔、肝；拉萨市（林周县）、那曲市（申扎县）、日喀则市（江孜县）。

参考文献

安继尧，郭天宇，许荣满，1995. 西藏蚋属三新种（双翅目：蚋科）[J]. 四川动物（1）：1-6.

巴桑，登增多杰，文祥兵，等，2020. 西藏自治区蚤目分类与区系研究Ⅱ：新蚤属3物种在西藏自治区首次发现[J]. 中国媒介生物学及控制杂志，31（3）：335-339.

白玛央宗，李家奎，达瓦卓玛，等，2010. 西藏林芝部分地区猪旋毛虫感染情况调查[J]. 养殖技术顾问（8）：112-113.

蔡理芸，詹心如，吴文贞，等，1997. 青藏高原蚤目志[M]. 西安：陕西科学技术出版社.

陈泽，杨晓军，2021. 蜱的系统分类学[M]. 北京：科学出版社.

德吉，多吉卓玛，卓玛央金，等，2019. 西藏自治区蚊虫分类与区系研究Ⅷ：杵蚊属及两物种在西藏自治区首次发现[J]. 中国媒介生物学及控制杂志，30（6）：665-667.

登增多杰，文祥兵，巴桑，等，2020. 西藏自治区蚤目分类与区系研究Ⅲ：支英继新蚤雌性的记述（蚤目：栉眼蚤科）[J]. 中国媒介生物学及控制杂志，31（5）：593-595.

邓成玉，陈汉彬，1993. 西藏蚋属一新种记述[J]. 四川动物（1）：2-5.

邓成玉，陈庆红，薛群力，等，2011. 西藏蠓类名录、地理分布及区系分析（双翅目：蠓科）[J]. 四川动物，30（6）：903-910.

邓成玉，龙冬梅，梁栋，等，2012. 西藏蚋属一新种（双翅目：蚋科）（英文）[J]. 昆虫分类学报，34（3）：548-550.

邓成玉，张国琪，张有植，等，1988. 西藏日喀则蠓类的调查[J]. 中国公共卫生（Z2）：66-69.

邓成玉，张有植，陈汉彬，1995. 西藏林芝真蚋亚属三新种（双翅目：蚋科）[J]. 四川动物，14（1）：7-12.

邓成玉，张有植，薛群力，等，1994. 西藏察隅蚋属一新种（双翅目：蚋科）[J]. 四川动物，13（2）：49-50.

邓成玉，张有植，薛群力，等，1996. 西藏真蚋一新种（双翅目：蚋科）[J]. 昆虫学报，39

（4）：423-425.
邓成玉，张有植，薛群力，等，2003. 西藏南部边境地区吸血蠓的生态研究（双翅目：蠓科）[J]. 中国媒介生物学及控制杂志（6）：442-443.
邓成玉，张有植，薛群力，等，2010. 西藏蚋类名录和地理分布及其区系分析[J]. 中华卫生杀虫药械，16（2）：133-138.
邓国藩，1981. 中国蝠螨属一新种（蜱螨目：蝠螨科）[J]. 昆虫学报（4）：465-467.
邓国藩，王敦清，顾以铭，等，1993. 中国经济昆虫志　第四十册　蜱螨亚纲皮刺螨总科[M]. 北京：科学出版社.
多吉卓玛，李海东，永建，等，2019. 西藏自治区蚊虫分类与区系研究Ⅴ：伊蚊属双角蚊亚属和物种在中国首次发现[J]. 中国媒介生物学及控制杂志，30（3）：311-313，316.
多吉卓玛，卓玛央金，杨晓东，等，2018. 西藏自治区蚊虫分类与区系研究Ⅰ：阿蚊属（*Armigeres*）4个物种在西藏自治区首次发现[J]. 中国媒介生物学及控制杂志，29（5）：479-481，501.
多吉卓玛，卓玛央金，永建，等，2020. 西藏自治区蚊虫分类与区系研究Ⅸ：伊蚊属3亚属和6种新纪录[J]. 中国媒介生物学及控制杂志，31（2）：203-208.
范娜，曹玉玺，付士红，等，2018. 三带喙库蚊中分离的西藏环状病毒全基因序列测定及分析[J]. 病毒学报，34（5）：461-473.
高重礼，马立名，1991. 西藏缩栉蚤属一新种（蚤目：角叶蚤科）[J]. 动物分类学报（4）：487-489.
格龙，马立名，1988. 西藏怪蚤属一新种（蚤目：细蚤科）[J]. 动物分类学报（1）：91-92.
格龙，马立名，1992. 西藏盖蚤属一新种记述（蚤目：角叶蚤科）[J]. 动物分类学报（4）：483-485.
格龙，王成贵，马立名，1988. 西藏盖蚤属一新种（蚤目：角叶蚤科）[J]. 动物分类学报（2）：175-177.
龚正达，许翔，李春富，等，2021. 西藏自治区蚤目分类与区系研究Ⅳ：中国藏东南栉眼蚤科二新种记述（蚤目：栉眼蚤科）[J]. 中国媒介生物学及控制杂志，32（1）：85-88.
贡嘎，普琼，落桑阿旺，等，2013. 西藏部分地区藏猪弓形虫血清学调查研究[J]. 中国畜牧兽医文摘，29（2）：126，158.
郭玉红，刘起勇，尹遵栋，等，2010. 西藏林芝地区蚊媒初步调查研究[J]. 中国媒介生物学及控制杂志，21（4）：300-302.
韩辉，杨宇，谭克为，等，2016. 西藏樟木口岸2012—2014年蜱传病原体调查分析[J]. 中国媒介生物学及控制杂志，27（6）：539-541.
何添文，索朗斯珠，米玛顿珠，2011. 西藏牦牛捻转血矛线虫的鉴别[J]. 畜牧与兽医，43

（8）：63–64.
胡刚，唐林桥，达娃央宗，等，2016. 2014年中尼边境樟木口岸蜱类初步调查[J]. 中国国境卫生检疫杂志，39（4）：275–277.
胡松林，永建，李海东，等，2019. 西藏自治区蚊虫分类与区系研究Ⅵ：局限蚊属及一新纪录种[J]. 中国媒介生物学及控制杂志，30（4）：434–437.
黄宾，2014. 中国家畜、家禽寄生虫名录[M]. 北京：中国农业科学技术出版社.
柯明剑，虞以新，张同昆，等，2010. 西藏樟木口岸蠓类调查及铗蠓属二新种（双翅目：蠓科）[J]. 中国国境卫生检疫杂志，33（4）：254–256.
孔繁瑶，李健夫，1965. 寄生于西藏绵羊的一新种线虫：念青唐古拉奥斯特线虫[J]. 畜牧兽医学报（3）：213–216.
李超，吴文贞，杨锡正，1989. 西藏盖蚤属一新种记述（蚤目：角叶蚤科）[J]. 动物分类学报（3）：372–375.
李海东，多吉卓玛，卓玛央金，等，2019. 西藏自治区蚊虫分类与区系研究Ⅶ：伊蚊属伊蚊亚属和物种在西藏自治区首次发现[J]. 中国媒介生物学及控制杂志，30（5）：554–556.
李晋川，邓成玉，薛群力，等，1997. 西藏东南部蚋类名录及分亚属检索表[J]. 四川动物，16（4）：186–187.
李晋川，张有植，1999. 西藏长角血蜱产卵的观察[J]. 西南国防医药（6）：3–5.
李坤，高建峰，韩照清，等，2014. 西藏部分地区黄牛新孢子虫流行病学调查[J]. 中国奶牛（14）：57–58.
李坤，韩照清，高建峰，等，2014. 西藏部分地区黄牛弓形虫血清检测报告[J]. 中国奶牛（18）：24–26.
李灵招，崔晶，王中全，2012. 旋毛虫西藏地理株生物学特性的研究[J]. 河南医学研究，21（3）：260–263.
李铁生，1978. 中国经济昆虫志　第三册　双翅目　蠓科[M]. 北京：科学出版社：19–116.
李铁生，1979. 西藏的吸血蠓（双翅目：蠓科）[J]. 昆虫学报（1）：98–107.
李铁生，1979. 西藏库蠓一新种（双翅目：蠓科）[J]. 昆虫分类学报（1）：33–34.
李铁生，1988. 中国经济昆虫志　第三十八册　双翅目　蠓科[M]. 北京：科学出版社：24–120.
刘国平，邓成玉，2000. 西藏库蠓一新种及黑色库蠓雄虫的发现（双翅目：蠓科）[J]. 中国媒介生物学及控制杂志，11（4）：245–247.
刘国平，虞以新，王春梅，2000. 西藏的吸血蠓（双翅目：蠓科）[J]. 医学动物防制（9）：489–492.

刘国平，张有植，王春梅，2000. 多毛库蠓雌虫的发现与描述[J]. 昆虫分类学报（1）：77-78.

刘建枝，色珠，关贵全，等，2012. 西藏当雄县牦牛皮蝇蛆病病原的分子分类鉴定[J]. 中国兽医科学，42（3）：238-242.

刘建枝，夏晨阳，2019. 西藏畜禽寄生虫病研究60年[M]. 中国农业科学技术出版社.

刘建枝，夏晨阳，冯静，等，2016. 西藏尼木县山羊蠕虫感染情况调查[J]. 中国寄生虫学与寄生虫病杂志，34（1）：8-10.

刘泉，格龙，兰晓辉，1991. 我国西藏怪蚤属一新种及对该属的分类讨论（蚤目：细蚤科）[J]. 动物分类学报（1）：114-118.

刘泉，郭天宇，吴厚永，2006. 我国西藏怪蚤属一新种记述（蚤目：细蚤科）[J]. 寄生虫与医学昆虫学报（4）：241-243.

刘小波，次仁顿珠，郭玉红，等，2014. 拉萨市2009—2013年蚊虫种类构成及密度动态研究[J]. 中国媒介生物学及控制杂志，25（3）：200-204.

刘振才，洛桑群增，索郎达吉，1988. 西藏扎仁地区动物鼠疫流行病学分析[J]. 中国地方病防治杂志（2）：115-117.

柳支英，邵冠男，刘泉，1976. 我国西藏额蚤属一新种的记述（蚤目：细蚤科）[J]. 昆虫学报（4）：460-462.

柳支英，吴厚永，吴福林，1977. 腹板蚤属在中国西藏发现及其新亚属和三新种记述（蚤目：蝠蚤科）[J]. 昆虫学报（2）：229-235.

鲁西科，索郎班久，1985. 拉萨市区兔球虫病的爆发[J]. 中国兽医科技（8）：51-52.

陆宝麟，1997. 中国动物志　昆虫纲（第八卷）　双翅目　蚊科（上）[M]. 北京：科学出版社.

陆宝麟，1997. 中国动物志　昆虫纲（第九卷）　双翅目　蚊科（下）[M]. 北京：科学出版社.

罗厚强，汪小强，张辉，等，2016. 西藏林芝地区藏猪消化道寄生虫流行情况调查[J]. 中国兽医学报，36（9）：1 523-1 526.

马兵成，巴桑，登增多杰，等，2020. 西藏自治区蚤目分类与区系研究Ⅰ：西藏自治区蚤类区系与分布的现状[J]. 中国媒介生物学及控制杂志，31（1）：66-74.

马德新，张桂林，王天祥，等，1997. 阿里土拉菌病疫源地中西藏革蜱的媒介作用[J]. 地方病通报（1）：60-61.

马立名，王成贵，1997. 西藏厚厉螨属一新种和毛绥螨属一新种（蜱螨亚纲：厚厉螨科，裂胸螨科）[J]. 动物分类学报（1）：29-32.

美郎江村，加永桑丁，其美泽仁，等，1996. 西藏昌都地区蚤、蜱调查报告[J]. 中国媒介生物学及控制杂志（3）：214–216.
孟庆华，1962. 伊蚊一新种：拉萨伊蚊[J]. 昆虫学报（2）：159–163.
牛彦麟，伍卫平，官亚宜，等，2016. 2015年西藏措美县野外棘球绦虫犬粪污染调查[J]. 中国寄生虫学与寄生虫病杂志，34（2）：137–143.
邱加闽，陈兴旺，任敏，等，1995. 青藏高原泡球蚴病流行病学研究[J]. 实用寄生虫病杂志，3：106–109.
瞿逢伊，1977. 西藏的库蠓新种及采集纪录（双翅目：蠓科）[J]. 昆虫学报（1）：99–105.
瞿逢伊，王绪勇，1994. 西藏南部库蠓属三新种及一新纪录[J]. 昆虫学报，37（4）：486–493.
佘永新，杨晓梅，2002. 西藏林芝地区牦牛寄生虫区系调查[J]. 畜牧与兽医（7）：20–21.
宋锦章，方勤娟，1956. 西藏波密县地区蚊类的初步调查[J]. 昆虫学报（4）：541.
王成贵，王身荣，1988. 西藏双蚤属一新种（蚤目：细蚤科）[J]. 动物分类学报（1）：93–94.
王成贵，王身荣，马立名，1993. 西藏的革螨[J]. 中国媒介生物学及控制杂志（4）：308.
王敦清，刘泉，1981. 西藏一种新病蚤[J]. 动物学研究（3）：289–290.
王敦清，潘凤庚，严格，1994. 西藏南部革螨的三新种（蜱螨亚纲：中气门目）[J]. 华东昆虫学报（2）：14–19.
王敦清，潘凤庚，严格，1995. 西藏南部恙螨三新种（蜱螨亚纲：前气门目）[J]. 华东昆虫学报（1）：6–10.
王洪举，胡松林，李松凌，等，2012. 西藏林芝地区察隅县按蚊种群调查[J]. 中国血吸虫病防治杂志，24（3）：333–335.
王天齐，许荣满，1988. 西藏自治区虻科一新种及一新亚种（双翅目）[J]. 西南农业大学学报（3）：267–269.
文祥兵，登增多杰，巴桑，等，2021. 西藏自治区蚤目分类与区系研究Ⅴ：中突古蚤和多棘古蚤在西藏自治区首次发现（蚤目：栉眼蚤科）[J]. 中国媒介生物学及控制杂志，32（2）：204–207.
邬捷，1962. 西藏昌都地区绵羊与野羊寄生虫调查报告[J]. 中国畜牧兽医，（12）：6–9.
吴福林，吴厚永，柳支英，1966. 西藏猬形蚤科一新属新种记述[J]. 动物分类学报（1）：46–50.
吴厚永，2007. 中国动物志　昆虫纲　蚤目（第二版）（上卷、下卷）[M]. 北京：科学出版社.
吴克梅，李超，蔡理芸，1999. 中国西藏纤蚤属一新种记述（蚤目：多毛蚤科）[J]. 动物分类学报（2）：222–223.

吴淑卿，2001. 中国动物志　线虫纲　杆形目　圆线亚目（一）[M]. 北京：科学出版社.
武松，黄芳，王多全，许国君，等，2013. 西藏墨脱县疟疾暴发自然村伪威氏按蚊与威氏按蚊生态习性比较[J]. 中国血吸虫病防治杂志，25（4）：362-366.
武松，汤林华，周水森，等，2011. 西藏墨脱县不同海拔地区按蚊构成调查[J]. 中国寄生虫学与寄生虫病杂志，29（4）：285-288.
西绕若登，丹增桑布，丹珍，等，1994. 西藏加查、朗县鼠疫自然疫源地调查及防治措施[J]. 中国地方病防治杂志（1）：42-43.
西绕若登，罗布顿珠，丹增桑布，等，1993. 西藏尼木县境中尼公路沿线鼠疫监测报告[J]. 预防医学情报杂志（S1）：91-93.
夏晨阳，刘建枝，宋天增，等，2015. 西藏尼木县山羊球虫感染情况的调查[J]. 动物医学进展，36（9）：120-123.
徐慧梅，卓玛央金，杨晓东，等，2019. 西藏自治区蚊虫分类与区系研究Ⅳ：按蚊属2蚊种在西藏自治区首次发现[J]. 中国媒介生物学及控制杂志，30（2）：191-193.
许荣满，郭天宇，阎绳让，等，1995. 西藏亚东县地区蜱类调查报告[J]. 军事医学科学院院刊（2）：107-109.
许荣满，孙毅，2007. 中国虻属青腹虻组二新种（双翅目：虻科）[J]. 寄生虫与医学昆虫学报（4）：244-248.
许荣满，孙毅，2008. 中国虻属丽毛虻组二新种（双翅目：虻科）[J]. 寄生虫与医学昆虫学报（2）：96-99.
许荣满，孙毅，2013. 中国动物志·昆虫纲·第五十九卷·双翅目·虻科[M]. 北京：科学出版社.
薛群力，邓波，丁浩平，等，2009. 西藏地区蚊虫种类和分布及其与疾病的关系[J]. 中华卫生杀虫药械，15（6）：508-509.
薛群力，宋锦章，邓成玉，等，1991. 西藏察隅地区库蠓体内的索科线虫[J]. 四川动物（2）：16.
杨棋程，潘朝晖，杨定，2019. 西藏长角大蚊亚属一新种（双翅目：大蚊科）[J]. Entomotaxonomia，41（3）：192-197.
杨晓东，卓玛央金，多吉卓玛，等，2019. 西藏自治区蚊虫分类与区系研究Ⅲ：领蚊属及其3蚊种在西藏自治区首次发现[J]. 中国媒介生物学及控制杂志，30（1）：72-74.
姚海潮，色珠，曾江勇，等，2010. 西藏那曲地区旋毛虫分离株的分子分类鉴定[J]. 中国兽医科学，40（3）：226-230.
佚名，1975. 当雄县绵羊寄生虫区系调查[J]. 兽医科技资料（Z1）：55-64.
于心，王志耀，郑强，等，2003. 中国古蚤属一新纪录[J]. 地方病通报，18（1）：43-44.

余静，石清明，陈锚锚，等，2014. 西藏察隅县营区蚊虫的组成及分布特征[J]. 中国媒介生物学及控制杂志，25（5）：441-443.

虞以新，1988. 蠓科新种描述[J]. 中国公共卫生（Z2）：127-140.

虞以新，2005. 中国蠓科昆虫（昆虫纲　双翅目）（第二卷）[M]. 北京：军事医学科学出版社.

虞以新，2005. 中国蠓科昆虫（昆虫纲　双翅目）（第一卷）[M]. 北京：军事医学科学出版社.

翟逢伊，王绪勇，邓成玉，1995. 西藏库蠓和印度库蠓雄蠓的发现与描述（双翅目：蠓科）[J]. 昆虫学报（1）：106-108.

张春祥，1988. 喜马拉雅旱獭体寄生蚤调查[J]. 中国地方病防治杂志（6）：379.

张桂林，吉保新，窦君，等，1996. 西藏阿里地区野兔热媒介及宿主调查[J]. 医学动物防制（S1）：33-35.

张桂林，马德新，窦君，等，1997. 西藏阿里地区啮齿动物寄生蚤群落结构研究[J]. 地方病通报（1）：27.

张桂林，马德新，窦君，等，2000. 西藏阿里地区啮齿动物及其体外寄生蚤生态调查[J]. 医学动物防制（4）：184-186.

张桂林，马德新，王天祥，等，1995. 西藏阿里地区银盾革蜱的分布及与疾病的关系[J]. 中国媒介生物学及控制杂志（4）：272-274.

张路平，孔繁瑶，2014. 中国动物志　线虫纲　杆形目　圆线亚目（二）[M]. 北京：科学出版社.

张永清，杨德全，陈裕祥，等，1994. 西藏申扎县家畜寄生虫区系调查报告[J]. 中国兽医科技（3）：18-21.

张有植，邓成玉，王敦清，1996. 西藏纤恙螨属四新种（蜱螨亚纲　前气门目）[J]. 华东昆虫学报（2）：10-16.

张有植，邓成玉，王敦清，1997. 西藏亚东县叶片恙螨属二新种（蜱螨亚纲：前气门目）[J]. 华东昆虫学报（2）：10-13.

张有植，邓成玉，薛群力，等，1997. 中尼边境地区恙螨三新种（蜱螨亚纲：前气门目）[J]. 华东昆虫学报（1）：22-28.

张有植，邓成玉，薛群力，等，1998. 西藏自治区地厉螨属一新种（蜱螨亚纲：厉螨科）[J]. 四川动物（3）：3，12.

张有植，邓成玉，薛群力，等，2003. 西藏南部边境地区的吸血蠓及亚东库蠓雄虫描述（双翅目：蠓科）[J]. 中国媒介生物学及控制杂志（3）：196-199.

张有植，李江，李晋川，等，2007. 西藏易贡蜱类的初步调查[J]. 西南国防医药（4）：

519-520.

张有植，薛群力，邓成玉，等，2004. 西藏阿蠓属两新种（双翅目：蠓科）[J]. 四川动物（4）：317-318.

卓玛央金，杨晓东，多吉卓玛，等，2018. 西藏自治区蚊虫分类与区系研究Ⅱ：巨蚊属、尤蚊属和直脚蚊属及其物种在西藏自治区首次发现[J]. 中国媒介生物学及控制杂志，29（6）：81-83.

左仰贤，1992. 球虫学：畜禽和人体的球虫与球虫病[M]. 天津：天津科学技术出版社：152-203.

MA J，HE J J，LIU G H，*et al.*，2015. Mitochondrial and nuclear ribosomal DNA dataset supports that *Paramphistomum leydeni*（Trematoda：Digenea）is a distinct rumen fluke species[J]. Parasit Vectors，8：201.

中名索引

P

Q

T

学名索引

O

P

R

S